“零伤害”保命体系

赵千里　潘建军　著

北　京
冶　金　工　业　出　版　社
2019

内 容 提 要

本书主要介绍了金川集团科学、简洁、有效的“零伤害”体系构建原理和建设，包括灾难性作业多人伤亡受控体系、致命性作业零死亡保命体系、非致命性作业轻重伤受控体系、扭伤性作业受控体系。该成果已在矿山、冶金、化工、烟草、建筑施工、机械加工、电力动力、铁运路运、生活服务等多个行业领域推广实施，对实现“零伤害”、长周期安全生产起到了重要作用。

本书可供行业、企业安全生产和管理人员阅读或参考。

图书在版编目(CIP)数据

“零伤害”保命体系/赵千里，潘建军著．—北京：冶金工业出版社，2019.8

ISBN 978-7-5024-8257-2

Ⅰ.①零… Ⅱ.①赵… ②潘… Ⅲ.①安全生产—基本知识 Ⅳ.①X93

中国版本图书馆 CIP 数据核字（2019）第 188163 号

出 版 人　谭学余
地　　址　北京市东城区嵩祝院北巷 39 号　邮编　100009　电话　(010)64027926
网　　址　www.cnmip.com.cn　电子信箱　yjcbs@cnmip.com.cn
责任编辑　徐银河　美术编辑　吕欣童　版式设计　孙跃红
责任校对　郑　娟　责任印制　牛晓波
ISBN 978-7-5024-8257-2
冶金工业出版社出版发行；各地新华书店经销；三河市双峰印刷装订有限公司印刷
2019 年 8 月第 1 版，2019 年 8 月第 1 次印刷
169mm×239mm；6.5 印张；128 千字；98 页
58.00 元

冶金工业出版社　投稿电话　(010)64027932　投稿信箱　tougao@cnmip.com.cn
冶金工业出版社营销中心　电话　(010)64044283　传真　(010)64027893
冶金工业出版社天猫旗舰店　yjgycbs.tmall.com

（本书如有印装质量问题，本社营销中心负责退换）

前　言

近年来，随着我国经济的快速发展，安全生产与经济发展的矛盾日益突出，一些行业领域、一些地方时有较大、重大、特别重大事故发生。面对这一严峻形势，研究建立“零伤害”五阶段保命体系，构建员工保命体系架构，用保命条款管控企业安全，是企业实现长周期安全生产、实现“零伤害”目标的重要举措，是构建企业平安、家庭幸福安康的根本保障；也是企业实施科学发展、安全发展、和谐发展、文化发展的客观要求；更是企业实施创新驱动战略、改革发展稳定和实现企业梦、中国梦的强有力支撑。

目前，企业绝大部分高风险作业、致命性作业还处于不可控、不受控状态，一般事故、较大事故、重特大事故还未能得到彻底控制。大部分企业的安全生产形势还比较严峻，员工的生命安全没有从根本上得到保障，家庭平安幸福之梦还没有完全实现，对社区的稳定、社会的稳定还有较大的影响。基于以上现状，金川集团研究建立了一套“零伤害”保命体系，即采掘作业保命体系架构、建筑施工作业保命体系架构、检修作业保命体系架构、厂区道路行车保命体系架构、起重吊装作业保命体系架构、有限空间作业保命体系架构、输送皮带运行保命体系架构、高处作业保命体系架构、动火作业保命体系架构、有毒有害作业保命体系架构、冶金炉窑和危化工艺装置保命体系架构，为企业实现长周期安全生产和实现“零伤害”之梦提供了一套“五阶段”路径和零伤害受控方法引领体系。

金川“零伤害”五阶段保命体系经过多年的研究与实践，目前已形成了一套科学、简洁、管用、有效的“零伤害”五阶段研究成果，此成果已在矿山、冶金、化工、烟草、建筑施工、机械加工、电力动力、铁运路运、生活服务等多个行业领域推广实施，对实现“零伤害”，实现长周期安全生产起到了重要决定作用。

本书在撰写过程中得到了金川集团股份有限公司的大力支持和帮助，在此对在本书撰写过程中给予指导帮助的专家学者表示最诚挚的感谢和敬意。金川集团股份有限公司薛立新、储昭培、王瑛、周泳、雷志鹏、赵小平、高亮、张之爱、高创州、李梅、刘成金、白本祥、曹军、吕军、王玉沛、吴泽生、黄廷勇、吴淑芬、熊小平、尹卫东、孟德龙、刘晓航、李金英、赵均元、李晓波、李育香、高洁、田燕、齐社利、肖千军、董红等同志参与了本书的撰写，在此深表感谢。

囿于水平，书中不足之处，敬请广大读者批评指正。

作　者

2019 年 7 月于甘肃

目　录

1

概　述

1.1　金川“零伤害”保命体系建设背景

多年来，虽然政府和企业高度重视安全工作，但重特大事故风险、较大事故风险、致命性风险及轻重伤风险仍一直处于非可控受控状态，重复出现的违章行为屡禁不止、事故隐患重复出现、相同的伤亡事故重复发生，致使企业安全生产形势一直处于严峻的被动状态，员工的生命安全与健康还未能从根本上得到保障，企业的良好社会形象还没有真正地树立起来，“零伤害”的实现还是一个梦想。为此，金川集团创造性地提出了“零伤害”五阶段模块的建设路径，搭建出“零伤害”架构体系，即灾难性作业零重大伤亡受控架构、致命性作业零死亡保命架构、非致命性作业零伤害架构和扭伤性作业零微伤架构体系，并将灾难性作业零重大伤亡架构体系纳入金川“零伤害”五阶段第二阶段进行建设；致命性作业零死亡保命架构体系纳入第三阶段进行建设；非致命性作业零伤害构架体系纳入第四阶段进行建设；扭伤性作业零微伤架构体系纳入第五阶段进行建设。通过“零伤害”架构体系的建设，逐步实现零重大伤亡、零死亡、零重伤，最终实现零伤害。建立的金川五阶段“零伤害”保命体系，为实现用保命条款管控企业安全提供了强有力支撑。

1.2　金川“零伤害”保命体系基本内涵

“零伤害”保命体系是根据金川五阶段“三角形”事故控制原理和“管安全就是管风险”“控制风险就是控制隐患”的管控思路，以控制灾难性作业风险、致命性作业风险、轻重伤风险、扭伤性风险为目标而研究建立的。“零伤害”保命体系架构是由灾难性作业零重大伤亡受控架构、致命性作业零死亡保命架构、非致命性作业零伤害受控架构、扭伤性作业零微伤受控架构所构成。

灾难性作业零重大伤亡架构体系是指对存在灾难性或高安全风险的生产工艺、设备、装置、库区、场所及岗位操作区域实施“安全三区、红区”管控的可控和受控措施，来实现重大伤亡事故为零。

致命性作业零死亡保命架构体系是指对具有高安全风险作业和致命性作业（如起重作业、动火作业、有限空间作业、皮带清扫作业、高处作业、设备检修作业、检修作业、倒车作业；矿山凿岩作业、装药作业、施爆作业、检撬作业、充填准备作业、溜井车辆作业、出矿出毛作业等），根据海因里希事故链被切断可以防止事故发生的原则，分析事故触发的充分条件和必要条件，研究制定有效的保命条款，作为高压条款，任何人不得违反。

非致命性作业零伤害受控架构体系是在建立完善致命性作业零死亡保命条款架构体系的基础上，结合以往本单位及同行业发生的事故教训，通过对岗位危险源辨识与评价，针对除伤亡高安全风险作业和致命性作业之外，其他非致命但存在伤害性风险作业（如上下楼梯、剪切作业、打磨作业、电焊作业、锻造作业、切割作业等），研究制定有效且便于记忆的零伤害条款，与保命条款一并作为高压条款执行。

扭伤性作业零微伤受控架构体系是在致命性作业保命条款和非致命性作业零伤害条款架构体系的基础上，分析公司各单位及同行业以往发生的扭伤性作业（巷道行走作业、巷道喷浆作业、闸阀开闭作业、重物抬举作业、物料搬运作业、夯打作业、货物装卸作业等），通过作业前的工作操，防止作业中发生扭伤，研究制定了扭伤性作业零微伤条款，与保命条款和零伤害条款一并执行。

1.3　金川“零伤害”五阶段原理

1.3.1　金川“五阶段”三角形事故控制原理

金川“五阶段”三角形事故控制原理是以重特大事故、较大事故、一般事故和轻重伤事故可控受控为目标，按照伤害程度、风险特征分步建设，持续提升“零伤害”管控结果，使伤害风险和伤害程度逐步降低的控制原理。将“零伤害”建设确定为五个阶段，第一阶段属于高风险不可控不受控阶段，事故频发多发，事故总量居高不下；第二阶段主要控制重特大、较大伤亡事故；第三阶段主要控制致命性事故；第四阶段主要控制轻重伤事故；第五阶段主要控制扭伤和轻微伤事件。通过“五阶段”创建，一年控制事故总量，两年杜绝死亡事故，三年实现“零伤害”。金川“五阶段”三角形事故控制原理如图1-1所示。

1. 粗放松散阶段(MN段)
   它所对应的三角形是以MN段为底的OMN，该段各类事故都有可能发生，事故频发，居高不下。
2. 强制被动阶段(AN段)
   它所对应的三角形是以AN段为底的ASN，该段避免了重特大事故，事故总量并未下降。
3. 依赖引领阶段(BN段)
   它所对应的三角形是以BN段为底的BPN，该段可以控制死亡事故的发生，事故总量有较大幅度下降。
4. 自我管控段(CN段)
   它所对应的三角形是以CN段为底的CQN，该段可以控制重伤以上事故的发生，事故总量有了大幅度下降的趋势。
5. 行为养成段(DN段)
   它所对应的三角形是以DN段为底的DRN，该段可以控制轻伤以上事故的发生，可以实现零伤害。

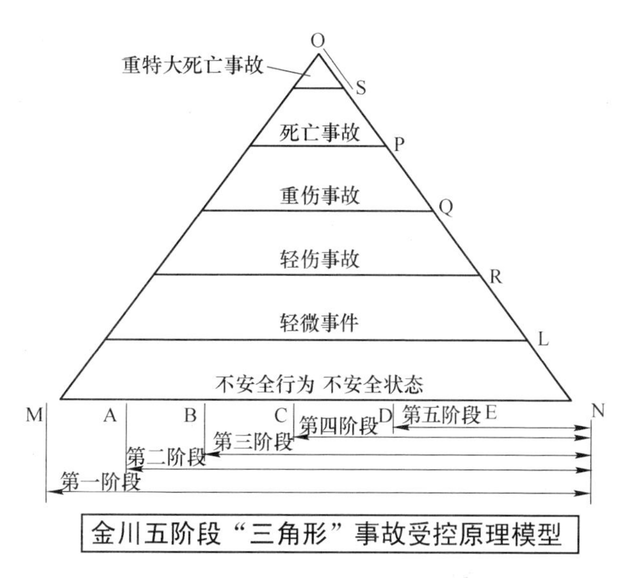

图1-1 金川“五阶段”三角形事故控制原理

1.3.2 管安全就要管风险原理

按照管安全就要管风险，控制了风险就控制了隐患的原理，金川集团研究建立了“五大”安全管控升级模块，即事后管控-缺陷管控-系统管控-风险管控-文化管控，前三个阶段主要以查“隐患”为主，第四阶段是风险管控阶段，通过第四阶段实施，实现以查“隐患”为主，上升到研判风险、控制风险和消除风险上来。第五阶段是文化管控阶段。基于这一思路，研究实施了用保命条款管控企业安全的架构体系。即用“安全三区、安全红区和安全绿区”管控灾难性作业安全；用“保命条款”管控致命性作业安全；用“零伤害条款”管控非致命性作业安全；用“零微伤条款”管控扭伤性作业安全，通过五阶段建设，使特别重大、重大、较大和轻重伤风险可控受控。管安全就要管风险模块，如图1-2~图1-4所示。

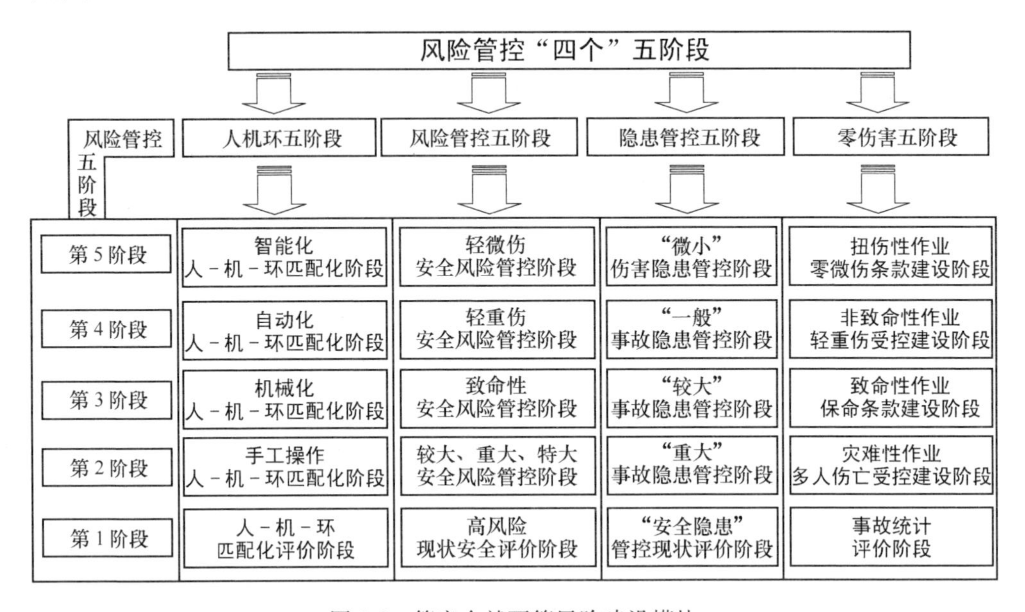

图1-2 管安全就要管风险建设模块

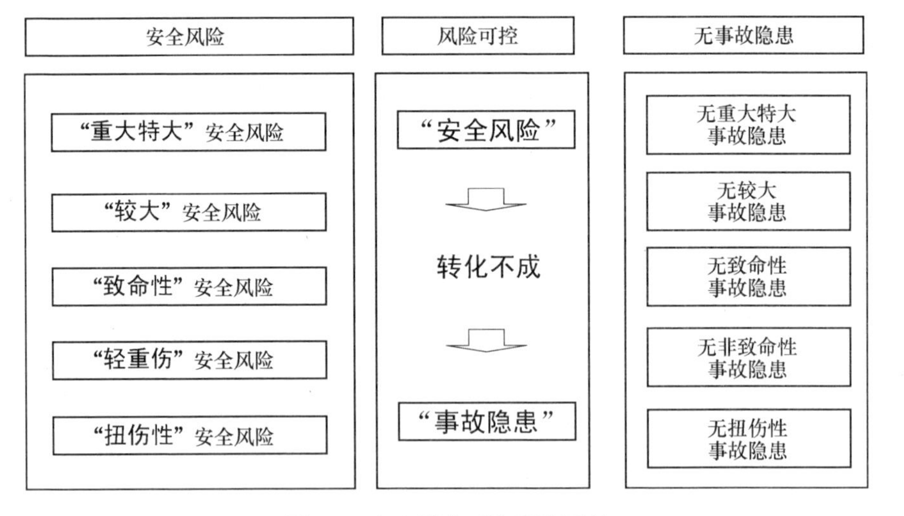

图1-3 安全风险可控受控原理

如针对井下无轨设备火灾风险，研究实施了无轨设备自动灭火装置+无设备冷热洗保命条款的管控措施，使火灾风险可控受控；针对井下运送员工的车辆存

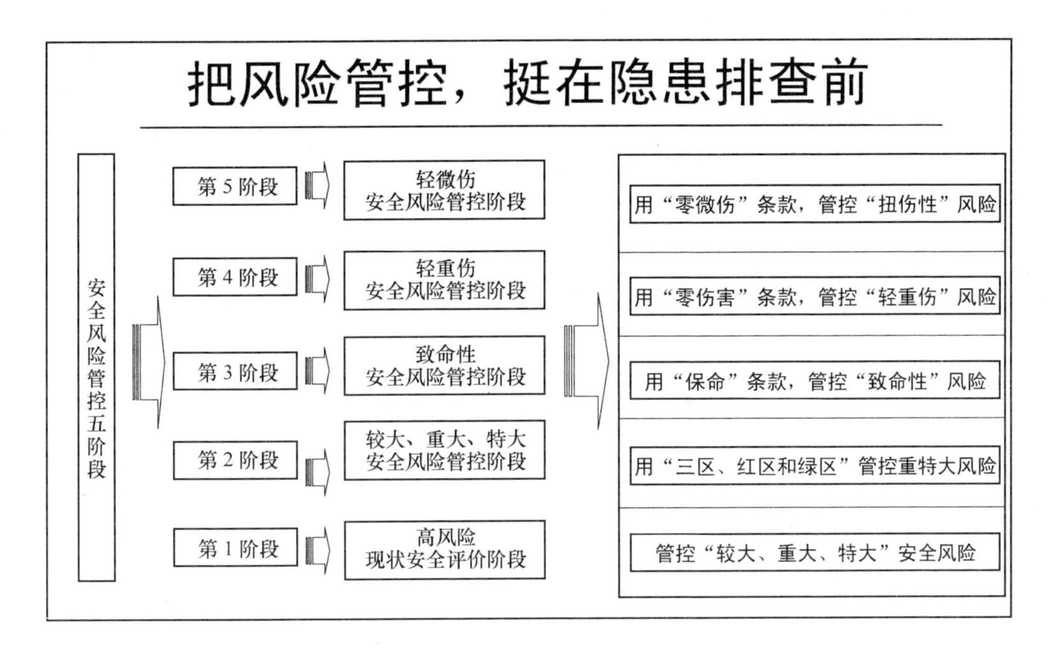

图 1-4 安全“风险”可控受控原理

在的溜车风险，研究实施了车辆氮气保护+断气刹装置+井下行车作业保命条款的管控措施，使溜车风险可控受控；针对提升系统存在的过载、过卷、坠罐、防撞、松绳等高安全风险，研究实施了罐笼运行速度、制动系统油压、主电机温度等关键参数“安全三区”在线监控，以及提升系统自动锁装置、过载联锁闭锁装置、防过卷保护装置、防坠装置、防撞装置等和保命条款管控的措施，使其风险可控受控。针对有限空间作业中毒窒息风险，研究实施了“有限空间作业审批许可+有限空间作业保命条款+有限空间内危险源管控”的管控措施，使有限空间作业风险可控受控。

1.4 金川“零伤害”保命体系五阶段建设模型

根据金川五阶段“三角形”事故控制原理、“管安全就要管风险”的原理，以实现“零伤害”为目标，按照“五阶段”建设的管控思想，研究建立了“零伤害”保命体系“五阶段”建设理论模型。该理论模型划分的五个阶段，即事故多发频发阶段（第一阶段）、重大伤亡受控阶段（第二阶段）、零死亡受控阶段（第三阶段）、零重伤受控阶段（第四阶段）和零伤害受控阶段（第五阶段），如图 1-5 所示。

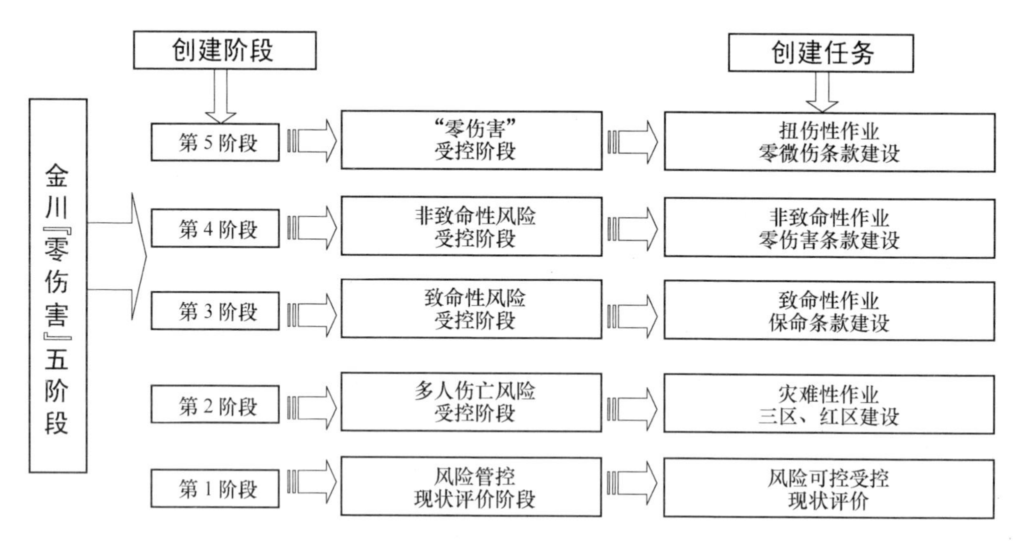

图 1-5　金川“零伤害”保命体系“五阶段”建设模型

1.5　金川“零伤害”保命体系特征

第一阶段：该阶段属事故案例现状分析阶段。其主要管控特征是管控粗放不精细、松散不集约，完全靠事后管控、缺陷管控等传统管理或经验管理管控安全，所秉持的安全理念是事故不可控不可防，很少采取预防预控措施，各类伤亡风险处于高度不可控不受控状态。

第二阶段：该阶段属多人伤亡受控阶段，即较大、重大、特别重大伤亡受控阶段。以多人伤亡受控为目标，根据企业历年多人伤亡事故案例，同行业事故教训及多人伤亡事故风险辨识，建立多人伤亡受控体系架构。

第三阶段：该阶段属致命性风险受控阶段，即零死亡受控阶段。以实现致命性作业零死亡受控为目标，根据企业历年死亡事故案例，同行业事故教训及致命性作业风险辨识，并按照工艺技术特点及致命伤害路径，研究建立致命性作业保命条款，并将保命条款作为红线、生命线、高压线高压实施，形成高压态势氛围，确保致命性作业处于可控受控状态。

第四阶段：该阶段属非致命性风险受控阶段，即轻重伤受控阶段。以非致命性作业零伤害受控为目标，根据企业历年轻重伤事故案例，同行业事故教训及非致命性作业风险辨识，并按照作业类型及伤害路径，研究建立非致命作业零伤害条款，使非致命性伤害处于可控受控状态。

第五阶段：该阶段属零伤害受控阶段，即轻微伤受控阶段。以轻微伤受控为目标，按照轻微伤风险辨识，研究建立扭伤性作业轻微伤条款，使轻微伤害处于可控受控状态，零事故、零伤害得以实现。

1.6 金川“零伤害”保命体系架构

金川“零伤害”保命体系架构包括：（1）灾难性作业多人伤亡受控体系架构（见图 1-6）；（2）致命性作业“零死亡”保命体系架构（见图 1-7）；（3）非致命性作业“轻重伤”受控体系架构（见图 1-8）；（4）扭伤性作业“零微伤”受控体系架构（见图 1-9）。

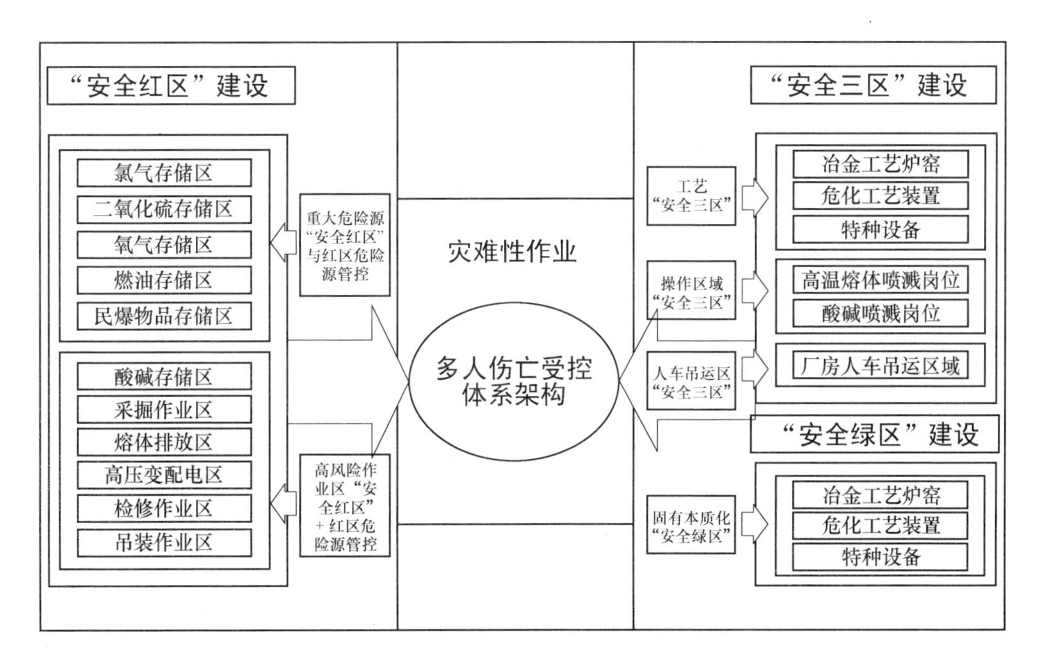

图 1-6 灾难性作业多人伤亡受控体系架构

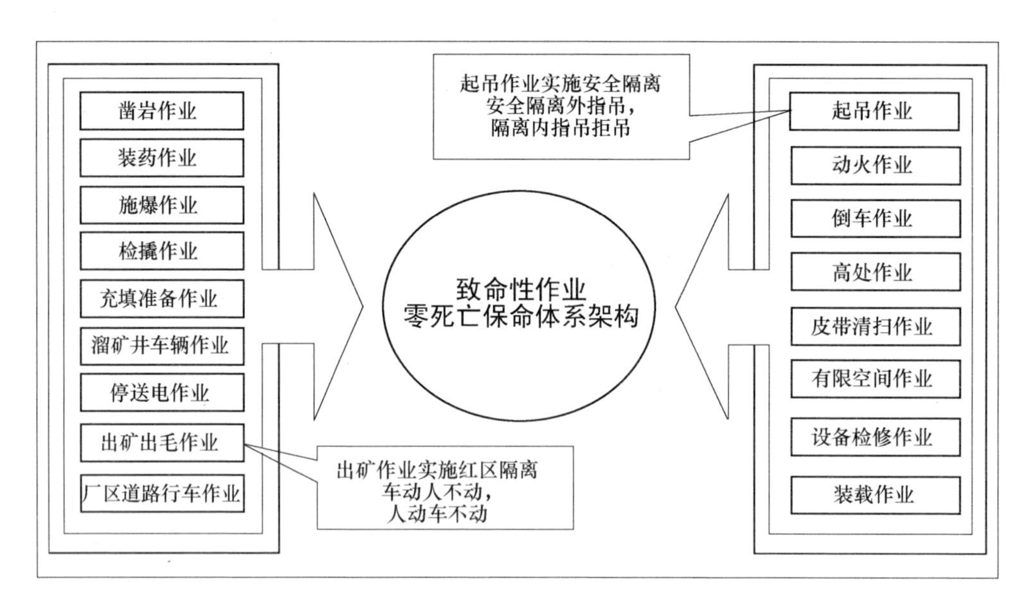

图 1-7　致命性作业零死亡保命体系架构

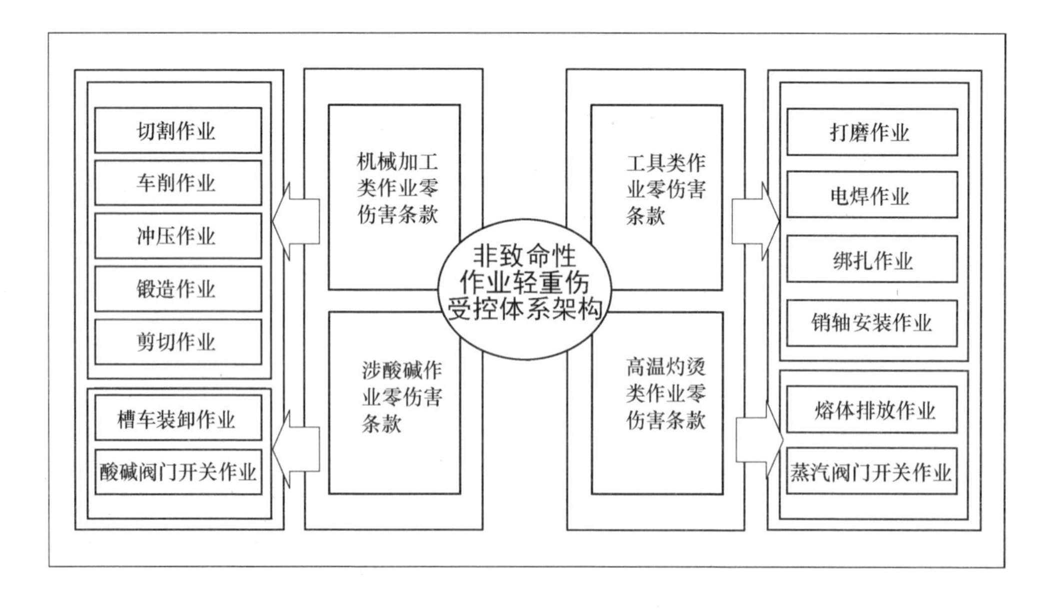

图 1-8　非致命性作业轻重伤受控体系架构

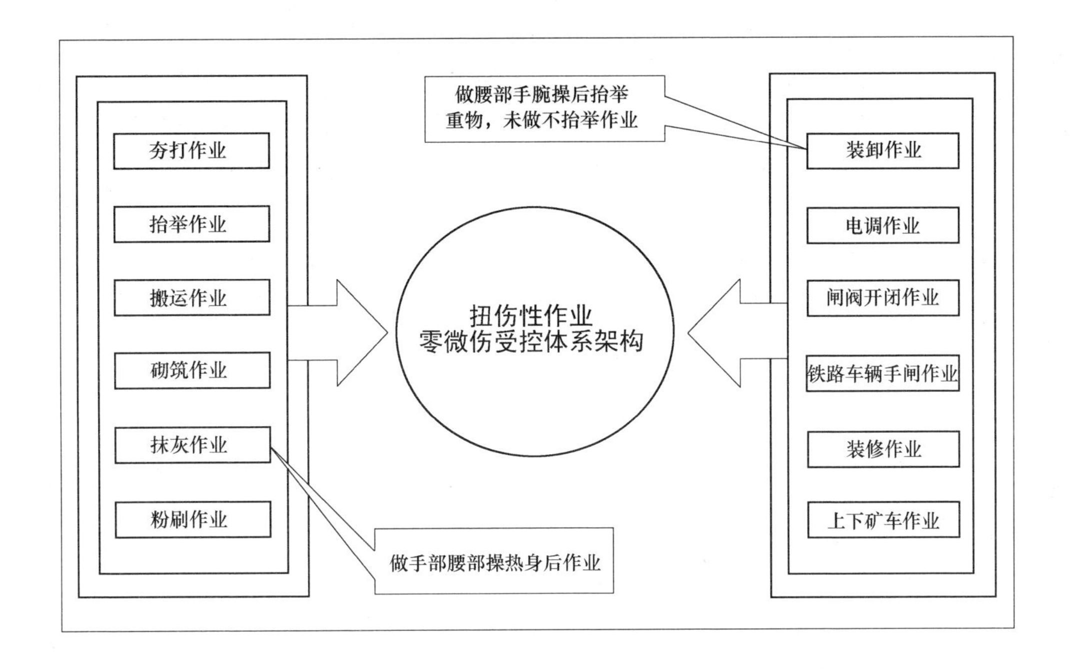

图 1-9 扭伤性作业零微伤受控体系架构

1.7 金川“零伤害”五阶段创建任务

按照“管安全就是要管风险”的管控思路，针对每一个阶段风险，研究制定了科学有效的控制措施，使每一阶段的风险都能处于可控受控状态，为实现“零伤害”之梦提供了重要支撑。其每个阶段的创建任务见表 1-1。

表 1-1 五阶段的创建任务

五阶段	阶段名称	创 建 任 务
第一阶段	风险评价阶段	主要创建任务是对企业、行业历年事故发生的类型、伤害级别、伤害程度，以及对事故发生的工艺设备装置、作业环节、工艺环节、作业岗位、生产区域及员工行为等再次引发伤亡风险的可能性进行全面系统的统计评价；对虽然没有发生伤亡的作业，但属于高风险的作业实施风险辨识和评价，形成评价报告

续表 1-1

五阶段	阶段名称	创　建　任　务
第二阶段	多人伤亡风险受控阶段	主要创建任务是：构建高风险多人伤亡受控体系架构。（1）对高风险工艺设备装置实施工艺变量“安全三区”建设；对高风险岗位操作区域实施“安全三区”建设；对高风险人车吊运区域实施“安全三区”建设；（2）对易燃易爆库存区、酸碱存储区、危化品生产区、有毒有害气体存储区等高风险存储区实施危险告知、条件准入的“安全红区”建设；（3）对设备设施发生故障、工艺运行参数异常和误操作导致关键变量参数偏离“安全绿区”的现象，实施了固有本质化“安全绿区”建设，确保重特大、较大的多人伤亡事故高风险处于可控受控，从而实现多人伤亡事故为零
第三阶段	致命性作业风险受控阶段	主要创建任务是：根据致命性作业的界定原则和保命条款的编制原则，研究建立矿山采掘作业保命体系架构、建筑施工作业保命体系架构、厂区道路行车作业保命体系架构、起重吊装作业保命体系架构、检修作业保命体系架构、皮带作业保命体系架构、有限空间作业保命体系架构、动火作业保命体系架构、高处作业保命体系架构等高风险保命体系架构，实现用致命性作业保命条款管控致命性作业安全，从而实现死亡事故为零
第四阶段	非致命性作业风险受控阶段	主要创建任务是：根据非致命作业的界定原则和零伤害条款的编制原则，研究建立机械加工类作业零伤害体系架构、涉酸碱类作业零伤害体系架构、工器具类作业零伤害体系架构、高温灼烫类作业零伤害体系架构等零伤害体系架构，实现用非致命性零伤害条款管控非致命性作业安全，从而实现重伤事故为零
第五阶段	扭伤性作业风险受控阶段	主要创建任务是：研究编排搬运、夯打、抬举、砌筑等可能造成作业人员扭伤或轻微伤害的“岗前操”，制定防止发生扭伤或轻微伤害的零微伤条款，实现用扭伤性作业零微伤条款管控扭伤性作业安全，最终实现零伤害

用“安全三区”“安全红区”“安全绿区”管控灾难性作业安全

高风险灾难性作业是指可能造成特别重大伤亡、重大伤亡、较大伤亡或可能造成多人伤亡的作业，为了控制灾难性作业风险，按照革命性、超常规、颠覆式的思维，创新性、创造性、开拓性地研究了“安全三区”“安全红区”和固有本质化“安全绿区”三大风险管控方法，通过三大管控体系建设，切实让灾难性作业，即可能造成特别重大、重大、较大伤亡风险处于可控受控状态，实现用“安全三区”“安全红区”和“安全绿区”管控灾难性作业安全。

2.1 “安全三区”“安全红区”“安全绿区”基本内涵

2.1.1 “安全三区”管控法

按照高风险“安全三区”界定原则，研究实施了高风险工艺变量参数“安全三区”、高风险岗位操作区域“安全三区”、高风险作业区域（厂房）“安全三区”、高风险人-车-吊运区域“安全三区”及“安全管理三区”。现分述如下。

（1）工艺变量参数“安全三区”是指将高风险工艺设备、工艺装置关键变量参数划分为安全区（绿区）、警戒区（黄区）和危险区（红区）三个区段而实施在线监控的安全管控法。“绿区”是指工艺变量参数在设计规范区域运行；“黄区”是指工艺变量参数在警戒状态运行需要立即调整；“红区”是禁止区域，工艺变量波动到该区域要自动切断停车，保证工艺设备安全。工艺变量参数“安全三区”如图 2-1 所示。

（2）高风险岗位操作区域“安全三区”是指对可能造成多人伤亡的高风险

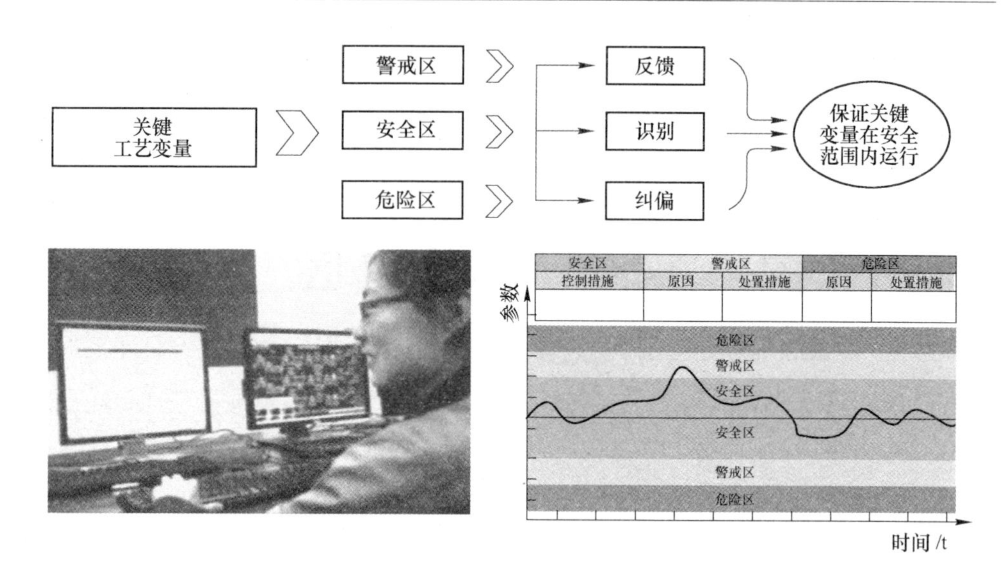

图 2-1　工艺变量参数“安全三区”管控模型

岗位操作区域，按照风险高低程度划分为红黄绿三区，红区为危险区、黄区为警戒区、绿区为安全区，实施“安全三区”管控。

（3）高风险作业区域（厂房）“安全三区”是指对可能造成多人伤亡的高风险作业区域（厂房）实施红黄绿“安全三区”管控方法，红区为危险区、黄区为警戒区、绿区为安全区。

（4）高风险人-车-吊运区域“安全三区”是指对可能造成多人伤亡的人-车-吊立体交叉高风险作业的区域，按照风险高低程度划分为红黄绿三区，红区为危险区、黄区为警戒区、绿区为安全区，实施“安全三区”管控。

（5）高风险“安全管理三区”是指对可能造成多人伤亡的高风险设备、工艺装置检修、特种设备检测检验、矿山井下人车交互运行的巷道安全间距等实施红黄绿“安全管理三区”的管控方法，红区为危险区、黄区为警戒区、绿区为安全区。

2.1.2　“安全红区”管控法

“安全红区”是指对存在较大、重大、特别重大伤亡的重大危险源、高风险易燃易爆品存储区、酸碱存储区、有毒有害气体存储区、高风险作业区等，实施区域封闭、危险告知、条件准入、安全警示的红区管控措施。但是，对红区内危险源并没有采取管控措施，因此，通过对红区内危险源风险辨识、风险评价、风险控制，研究实施红区内分项危险源的配套安全管控方法，如重大危险源管控、高风险作业区域“安全红区”管控等。“安全红区”管控模型如图2-2所示。

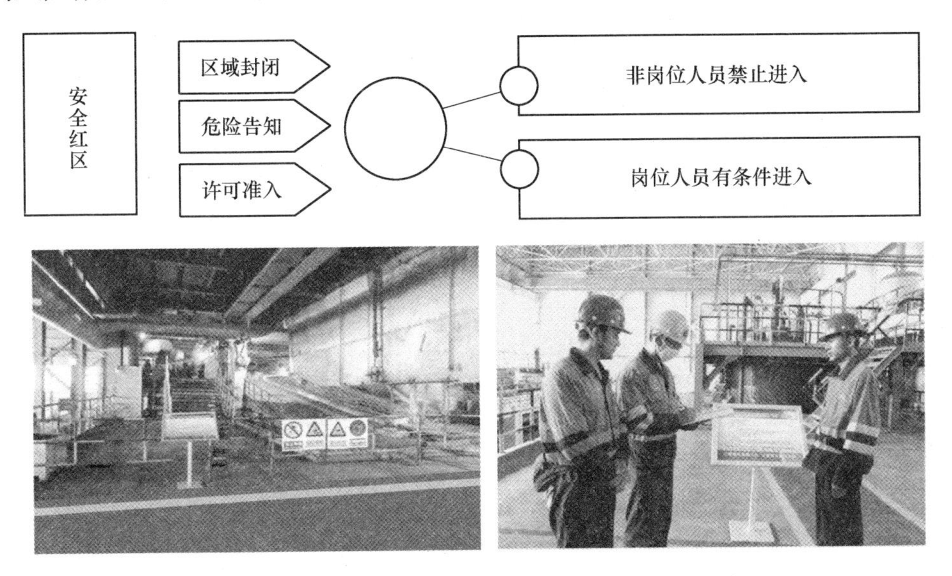

图2-2 “安全红区”管控模型

（1）重大危险源“安全红区”是指对重大危险源区域实施区域封闭、危险告知、条件准入、安全警示的红区管控；针对重大危险源区域内各分项危险源特点，研究实施配套安全管控措施，实现重特大事故为零。即对重大危险源实施危险告知+危险源红区管控+红区内危险源紧急切断装置+突发事件应急处置+红区内高风险作业保命条款的配套管控模式。

（2）高风险作业区域“安全红区”是指对具有高安全风险，存在多人伤亡风险的存储区、作业区、检修区等，研究实施区域封闭、危险告知、条件准入、安全警示的红区管控，并通过红区内分项危险源辨识评价，研究实施分项危险源配套管控措施。

2.1.3 “安全绿区”管控法

“安全三区”只是对工艺变量参数实时状态的体现，没有对其设备故障、工艺参数异常或误操作带来的风险进行控制，为控制工艺关键变量参数偏离绿区及黄区带来的风险而实施“安全绿区”的管控方法。

“安全绿区”管控是采用固有本质化的联锁闭锁、自动切断装置、程序自锁保护装置等，以保证高风险工艺、设备关键变量参数始终在设计范围内运行；若超出设计范围，实施报警并自动调整参数，使其参数永远在设计范围内运行的安全管控方法。

2.2　“安全三区”管控体系建设

“安全三区”管控体系建设模型如图 2-3 所示。

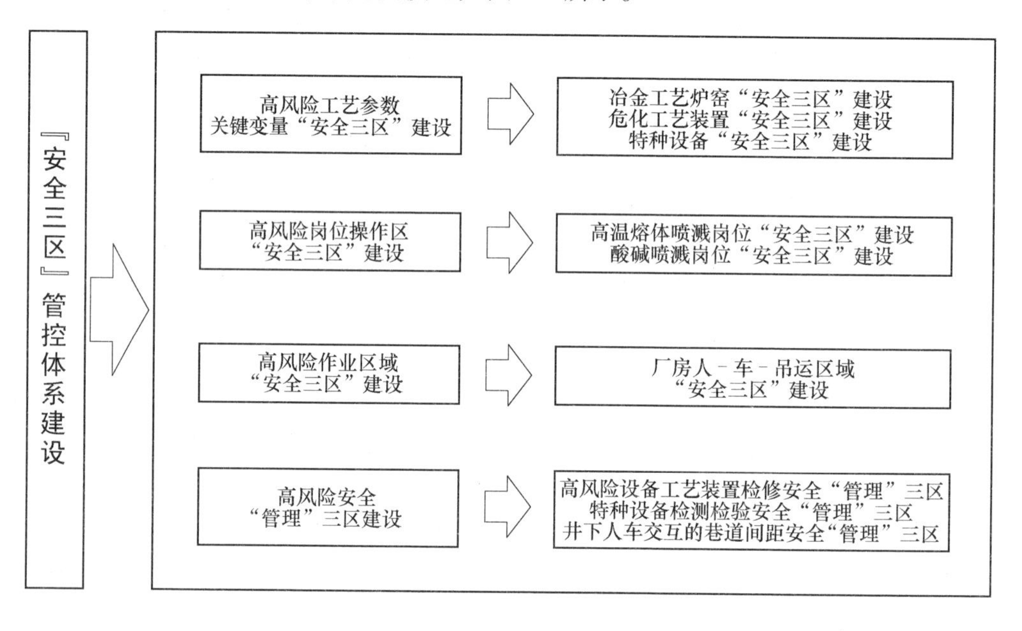

图 2-3　“安全三区”管控体系建设模型

2.2.1　高风险工艺变量“安全三区”建设

按照金川集团生产工艺特点，对冶金工艺炉窑、危化工艺装置、特种设备等关键变量参数实施了“安全三区”建设，现分述如下。

2.2.1.1　冶金工艺炉窑“安全三区”建设

冶金工艺炉窑有闪速熔炼炉、富氧顶吹炉、熔池熔炼炉、还原熔炼炉、旋涡熔炼炉、自热熔炼炉等，其炉窑形式不同，风险不同，影响工艺炉窑的关键变量参数亦不同，如闪速熔炼炉、富氧顶吹炉工艺变量参数“安全三区”建设。

（1）闪速熔炼炉工艺“安全三区”建设。闪速熔炼炉工艺是铜、镍等硫化物精矿熔炼最常用的冶金工艺，是充分利用细磨物料的巨大活性表面，强化冶炼反应过程的熔炼方法。该炉窑主要存在两大风险：1）低镍锍温度过高、低镍锍品位过高或过低导致发生漏炉、爆炸的风险；2）闪速炉渣铁硅比过高，排渣时渣中带低镍锍，发生冲渣系统爆炸的风险。为此，对低镍锍温度、闪速炉渣铁硅比等关键工艺变量参数实施了“安全三区”在线监控（见图2-4）。

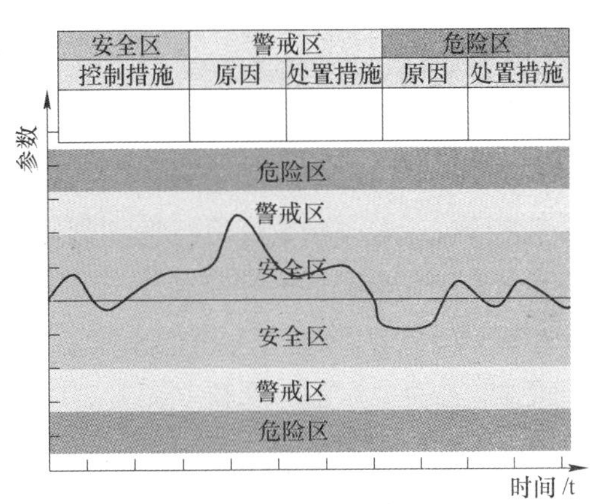

图2-4 闪速熔炼炉工艺“安全三区”在线监控

（2）富氧顶吹炉工艺“安全三区”建设。富氧顶吹炉是用富氧顶吹浸没喷枪熔池熔炼技术进行铜、镍、铅、锡等有色金属冶炼的工艺。该炉窑主要存在两大风险：1）喷枪氧量过大造成炉渣过氧化，炉渣被过氧化后炉渣起泡，导致炉内出现泡沫炉渣喷炉的风险；2）炉体温度大于600℃时，可能造成炉底熔体泄漏，导致冶金炉窑爆炸的风险。为此，根据富氧顶吹工艺技术特点，对喷枪氧量、炉体温度两个关键工艺变量参数实施了“安全三区”在线监控（见图2-5）。

2.2.1.2 危化工艺装置“安全三区”建设

危化行业属于高危行业，在危化产品生产、储存过程中，由于危化工艺装置关键变量参数异常变化，存在泄漏、中毒、火灾、爆炸等高风险，极容易造成多人伤亡事故。为此，对危化工艺装置关键变量参数研究实施了“安全三区”在线监控。

（1）氯碱电解工艺装置“安全三区”建设。氯碱电解工艺是通过电解食盐

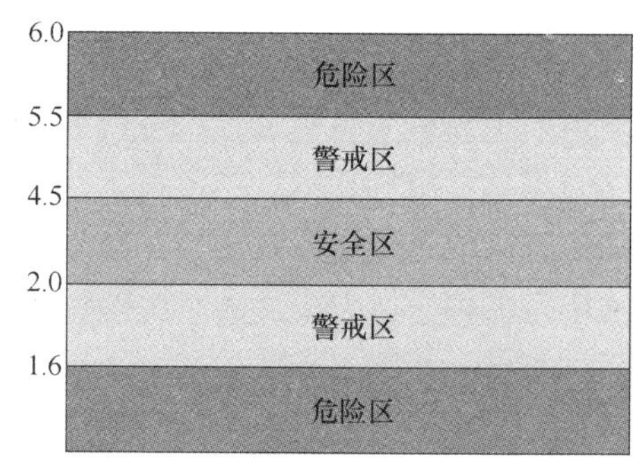

图 2-5 富氧顶吹炉工艺“安全三区”在线监控

水生产烧碱、氯气和氢气的过程。氯碱电解工艺装置主要存在三类风险：1）电解食盐水过程中产生氢气和氯气，当氯含氢达到5%以上，在光照或受热情况下发生爆炸的风险；2）当pH值小于4.5时，盐水中铵盐超标，铵盐和氯作用可生成氯化铵进而生成三氯化氮而发生剧烈分解爆炸的风险；3）电解溶液强腐蚀风险。为控制系统风险，对造成氯含氢超标、铵盐超标等原因分析后，对电解槽液位、电流、电压、温度，原料中铵含量以及氯气杂质含量等关键变量参数实施了“安全三区”在线监控（见图 2-6）。

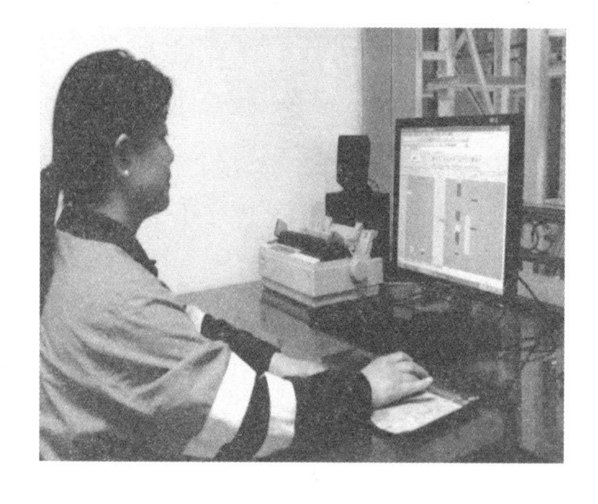

图 2-6 氯碱电解工艺装置“安全三区”在线监控

（2）制氧工艺装置“安全三区”建设。制氧机组是用来制取氧气的工艺装置。制氧主塔基础温度反映制氧机机组空分塔内有无低温液气或低温泄漏，如果泄漏会造成塔皮冻裂，空分塔内低温液气或低温泄漏发生爆炸；如果制氧机组温度过高或压力过大，造成机组的冲击破坏而引发爆炸，故对制氧机组主塔基础温度、机组内温度、压力研究实施了制氧工艺关键变量参数“安全三区”在线监控（见图2-7）。

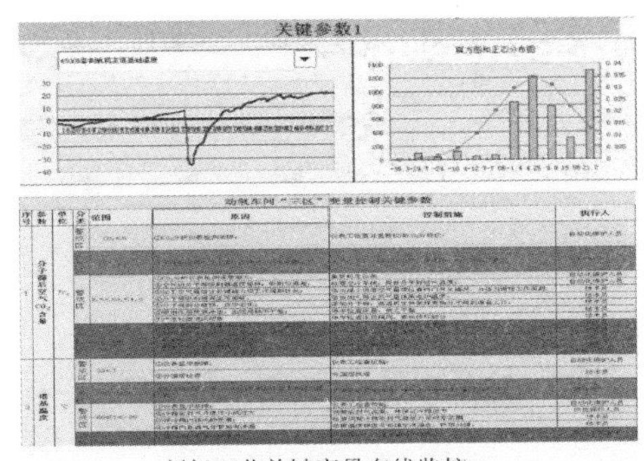

制氧工艺关键变量在线监控

图2-7 制氧工艺装置“安全三区”在线监控

2.2.1.3 特种设备“安全三区”建设

特种设备是指涉及生命安全、危险性较大的锅炉、压力容器、压力管道、提升设备、起重机械等。这类设备因压力、温度等关键变量异常波动，可能发生燃烧、爆炸、火灾等事故，造成多人伤亡。为此，对特种设备关键变量参数研究实施了“安全三区”在线监控。

（1）矿山提升系统“安全三区”建设。矿山提升系统承担员工上下井和出矿出毛的任务，提升系统是否安全运行直接关系员工的生命安全。提升系统的运行速度、主电机温度、制动系统油压等高风险变量参数和防坠、防撞、防松绳、过载等联锁闭锁保护设施一旦发生故障异常，会发生坠罐、过卷、钢丝绳伤人等事故。为控制风险，对提升系统主电机运行电流、温度、压力、速度等关键变量参数研究实施了“安全三区”在线监控（见图2-8）。

（2）锅炉压力容器“安全三区”建设。锅炉压力容器属于高风险特种设备，其主要风险：1）锅炉压力控制元件（压力调节、超压停炉保护、安全阀）失效，锅炉严重超压就有锅炉爆炸的风险；2）锅炉液位超高或过低，造成汽水冲击或炉水突然汽化引起超压爆炸风险；3）锅炉温度超标，引起金属强度降低造成锅炉爆炸风险。因此，将锅炉主蒸汽压力、温度、水位作为锅炉设备的关键变

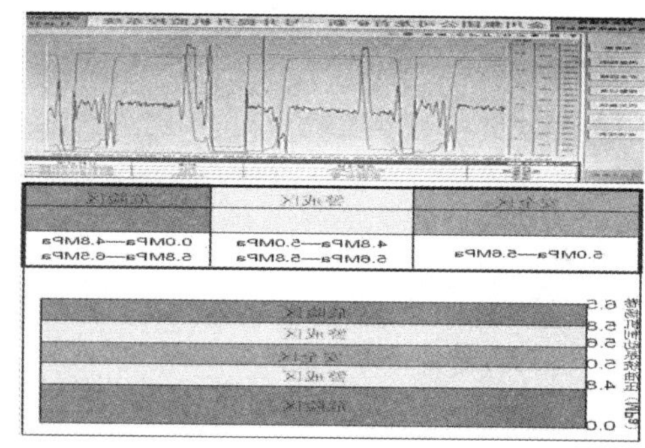

图 2-8　矿山提升系统“安全三区”在线监控

量参数实施了“安全三区”在线监控（见图 2-9）。

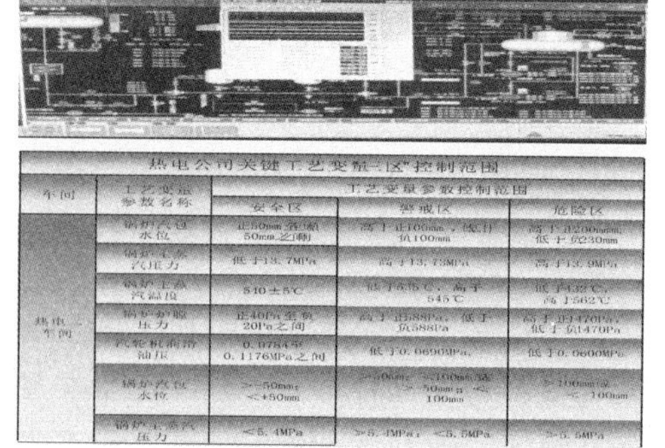

图 2-9　锅炉压力容器“安全三区”在线监控

2.2.2　高风险岗位操作区“安全三区”建设

按照金川集团高风险岗位操作特点，研究建立了高温熔体喷溅岗位“安全三区”、酸碱喷溅岗位“安全三区”等。

2.2.2.1　高温熔体喷溅岗位“安全三区”建设

高温熔体喷溅岗位是指有高温熔体异常喷溅风险，可能造成多人伤亡的高风险操作岗位。为控制风险，将高温熔体喷溅岗位按风险程度划分为红黄绿三区，实施“安全三区”管控。如冶炼工艺炉窑烧口作业岗位、放铜（镍）及放渣作业岗位等（见图 2-10）。

(a)

(b)

图 2-10 高温熔体喷溅岗位“安全三区”
（a）冶炼工艺炉窑烧口作业岗位；（b）放铜（镍）及放渣作业岗位

2.2.2.2 酸碱喷溅岗位“安全三区”建设

酸碱喷溅岗位是指强酸强碱生产岗位或存储区操作岗位，可能因温度、压力等控制不当，存在酸碱大量喷出，造成多人伤害的风险。为此，将酸碱喷溅岗位按风险可控受控的程度划分为红黄绿三区，实施“安全三区”管控。如硫酸生产系统干吸岗位、氯碱生产系统电解液蒸发岗位等（见图 2-11）。

(a)

(b)

图 2-11 酸碱喷溅岗位“安全三区”
（a）硫酸生产系统干吸岗位；（b）氯碱生产系统电解液蒸发岗位

2.2.3 高风险人-车-吊运区“安全三区”建设

根据人-车-吊立体交叉作业区域安全风险特点，将人车吊运区域划分为红黄绿三区，红区为吊运通道、黄区为车辆通道、绿区为人行通道，实施"安全三区"管控（见图 2-12）。

图 2-12　高风险人-车-吊运"安全三区"

2.2.4 "安全管理三区"建设

按照金川集团安全生产特点，研究实施了高风险设备、工艺装置检修"安全管理三区"、特种设备（锅炉、压力容器、提升设备等）检测检验"安全管理三区"、矿山井下人车交互运行的巷道间距"安全管理三区"。

2.3 "安全红区"管控体系建设

按照"安全红区"建设原则，研究建立了重大危险源"安全红区"、高风险作业区域"安全红区"等（见图 2-13）。

2.3.1 重大危险源"安全红区"管控

根据重大危险源辨识评价标准，金川集团界定出二级重大危险源 3 个，三级重大危险源 2 个，四级重大危险源 9 个。为了控制重大危险源风险，实现重特大伤亡事故可控受控，公司对氯气存储区、二氧化硫存储区、氧气存储区、燃油存储区、民爆物品存储区等重大危险源，研究建设了"安全红区"和红区危险源配套管控体系。

2.3.1.1　氯气存储区"安全红区"与红区危险源管控

氯气存储区属二级重大危险源，其主要危险有害介质为液氯，其伤害风险是

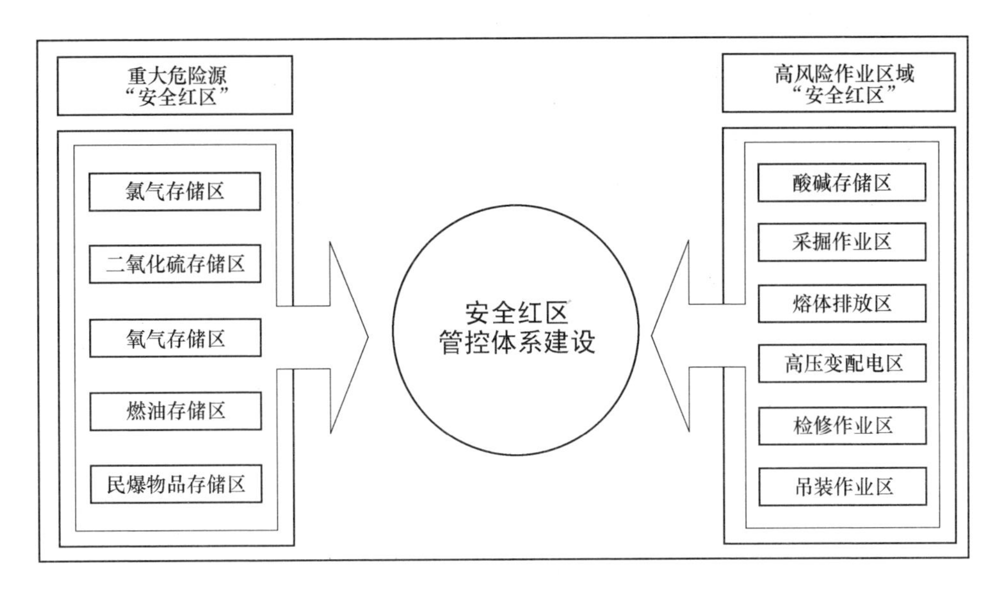

图 2-13 “安全红区”管控体系模型

氯气中毒。为了让其重大危险源处于可控受控状态，实现重特大伤亡事故为零，研究建立了氯气存储区“安全红区”和红区危险源配套管控体系（见图 2-14），即针对氯气存储区实施了区域封闭、红区管控、重大危险源告知、条件准入；针对氯气存储区液氯充装岗位研究实施了紧急切断保护装置+充装岗位应急处置方案+充装作业保命条款的管控模式；针对氯气存储研究实施了气体浓度自动监测报警+DCS 控制应急处置系统+紧急停车保护装置+应急喷淋装置+氯气存储区高风险作业保命条款的管控模式；针对液氯钢瓶泄漏风险研究实施了液氯泄漏应急吸收装置+液氯泄漏处置保命条款的管控模式。

图 2-14 氯气存储区“安全红区”和红区危险源配套管控体系

2.3.1.2　二氧化硫存储区“安全红区”与红区危险源管控

二氧化硫存储区属四级重大危险源，其危险有害介质为二氧化硫，伤害风险是二氧化硫气体中毒。为了控制二氧化硫中毒风险，实现重大伤亡事故可控受控，根据二氧化硫存储区各分项危险源的特征，研究实施了二氧化硫存储区“安全红区”和红区危险源配套管控体系（见图2-15），即针对二氧化硫存储区域实施了区域封闭、红区管控、重大危险源告知、条件准入；针对红区内二氧化硫充装岗位，研究实施了紧急切断装置+二氧化硫充装作业保命条款的管控模式；针对二氧化硫储罐（钢瓶）泄漏风险，研究实施了储罐进出口紧急切断装置+气体浓度超标监测报警装置+应急喷淋装置+二氧化硫存储区高风险作业保命条款的管控模式。

图2-15　二氧化硫存储区“安全红区”和红区危险源管控体系

2.3.1.3　氧气存储区“安全红区”与红区危险源管控

氧气存储区属三级重大危险源，氧气存储区的储槽、储罐可能发生塑性爆裂、脆性爆裂、疲劳爆裂及腐蚀爆裂。储槽和储罐发生爆裂后，存在气体泄漏、人员冻伤、中毒窒息、火灾甚至爆炸的风险。为了控制氧气存储区重大伤亡风险，研究建立了氧气存储区“安全红区”和红区危险源配套管控体系（见图2-16），即针对氧气存储区实施了区域封闭、红区管控、重大危险源告知、条件准入；针对氧气存储风险研究实施了气体浓度监测报警装置+紧急切断保护装置+压力、温度联锁闭锁控制装置+氧气存储区高风险作业保命条款的管控模式。

图 2-16　氧气存储区“安全红区”与红区危险源管控体系

2.3.1.4　燃油存储区“安全红区”与红区危险源管控

燃油存储区属四级重大危险源，燃油（汽油、柴油等）存储区存放大量燃油，易挥发易燃易爆气体，可能因静电、电气设备、金属工具的碰击产生火花或明火引发火灾，甚至油库（罐）爆炸。为了控制燃油存储区重大伤亡风险，研究建立了燃油存储区“安全红区”和红区危险源配套管控体系（见图 2-17），即针对燃油存储区研究实施了区域封闭、红区管控、重大危险源告知、条件准入；针对燃油存储研究实施了燃油储量超标自动切断装置+火灾自动喷淋系统+突发事件应急处置方案+燃油存储区高风险作业保命条款的管控模式。

图 2-17　燃油存储区“安全红区”与红区危险源管控体系

2.3.1.5　民爆物品存储区“安全红区”与红区危险源管控

民爆物品存储区属三级重大危险源，存储区的民爆物品主要有硝铵类炸药、乳化炸药、工业电雷管、导爆管等，存在爆炸、火灾风险，会造成重大伤亡事故，此类事故发生的原因主要是静电、跌落、撞击、库存超量爆炸、库房温度过高爆炸、雷电引发炸药燃烧爆炸等。《民用爆炸物品储存库安全规范》规定民爆物品存储不得超过每个库房核定储存的品种范围和最大允许储量。为控制民爆物品存储区火灾、爆炸风险，研究建立了民爆物品存储区“安全红区”和红区危险源配套管控体系（见图 2-18），即针对民爆物品存储区研究实施了区域封闭、红区管控、重大危险源告知、条件准入；针对民爆物品存储研究实施了防静电装置+消防系统+民爆物品存储区高风险作业保命条款的管控模式。

图 2-18　民爆物品存储区“安全红区”和红区危险源管控体系

2.3.2　高风险作业区域“安全红区”管控

金川集团通过危险源辨识评价，重点对酸碱存储区、采掘作业区、熔体排放区、检修作业区、吊装作业区等高风险区域研究实施了“安全红区”和红区危险源管控的配套措施。

2.3.2.1　酸碱存储区“安全红区”与红区危险源管控

酸碱存储区“安全红区”是指对存在强酸强碱异常大量泄漏喷溅，造成多人伤亡的高风险存储区域，研究实施安全隔离、危险告知、条件准入的红区管控（见图 2-19）。针对存储区储罐（槽）内的强酸强碱储量研究实施了自动监测报警装置+超压联锁控制装置的管控模式；针对强酸强碱大量喷溅的突发事件研究实施了紧急切断处置装置+应急处置保命条款的管控模式。

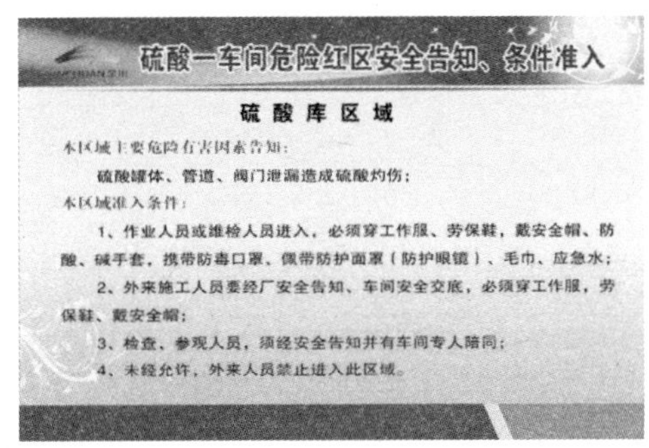

图 2-19 酸碱存储区“安全红区”与红区危险源管控体系

2.3.2.2 羰化冶金高风险作业区“安全红区”与“红区危险源”管控

羰化冶金高风险作业区岗位是羰基物洗消区域，洗消作业过程极易溢出有毒有害的羰基化合物，如安全防护不到位，会造成作业人员中毒伤亡事故，羰化冶金厂对此区域实行危险告知、条件准入、安全隔离、专人监管等红区管控措施（见图 2-20）。

图 2-20 羰化冶金高风险作业区“安全红区”与红区危险源管控体系

2.3.2.3 制氢站“安全红区”与红区危险源管控

制氢站区域存在氢气火灾、爆炸，氮气窒息等危险因素，容易导致作业人员中毒窒息伤亡事故。对此区域采取“红区”管控，通过危险告知、条件准入避免事故的发生（见图 2-21）。

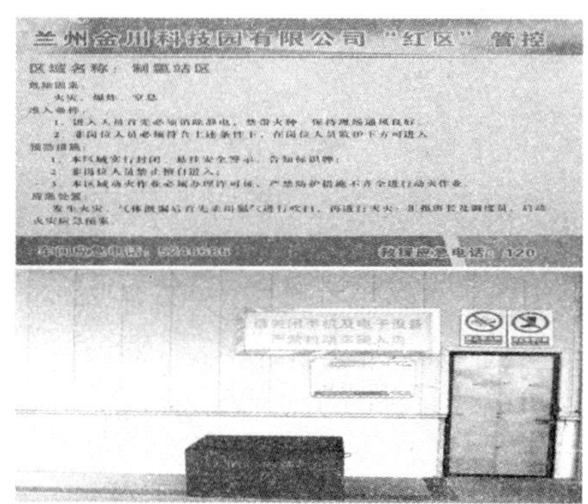

图 2-21 制氢站“安全红区”与红区危险源管控体系

2.3.2.4 采掘作业区“安全红区”与红区危险源管控

采掘作业区“安全红区”就是对具有高安全风险的采掘作业区研究实施安全隔离、危险告知、条件准入的红区管控；采掘作业区主要存在片冒风险、人车交叉车辆伤害风险、无轨设备误入采掘工作面伤人风险。为了控制风险，研究实施了采掘作业区“安全红区”和红区危险源管控的配套管控模式（见图 2-22），即针对片冒风险研究实施了检撬作业保命条款；针对红区内人车交叉作业风险研究实施了“车动人不动，人动车不动”的保命条款；针对无轨设备误入采掘面伤人风险，研究实施了采掘区段红区管控的方法。

图 2-22 采掘作业区“安全红区”和红区危险源管控体系

2.3.2.5 熔体排放区“安全红区”与红区危险源管控

熔体排放区“安全红区”是指在冶金炉窑实施高温熔体排放过程中，高温熔体遇水发生放炮、爆炸，造成多人伤亡的高风险熔体排放区，研究实施了区域封闭、危险告知、条件准入的红区管控；针对红区内高温熔体危险源，研究实施了熔体排放紧急切断装置+水源切断装置+突发事件应急处置方案+高风险作业保命条款的管控模式（见图 2-23）。

图 2-23 熔体排放区“安全红区”和红区危险源管控体系

2.3.2.6 高压变配电区“安全红区”与红区危险源管控

高压变配电区“安全红区”是指对存在高压触电风险的变电站、变电所、配电室等高风险区域场所，研究实施区域封闭、危险告知、条件准入的红区管控；针对高压变配电作业区的高风险配电设备设施研究实施了高压漏电保护装置+接地接零保护装置+高风险作业保命条款的管控模式（见图 2-24）。

图 2-24 高压变配电区“安全红区”与红区危险源管控体系

2.3.2.7　检修作业区“安全红区”与红区危险源管控

检修作业区“安全红区”是指对存在多人伤亡风险的冶金炉窑、危化工艺、矿山提升系统等高风险检修作业区域，研究实施安全隔离、危险告知、条件准入的红区管控。根据检修类型和多年来检修作业事故案例统计分析，此类区域存在人车交叉作业、起重作业、多台车吊作业、高处作业、动火作业、有限空间作业、停送电作业等多项高风险作业，容易发生多人伤亡事故，为此，针对检修作业区不同风险，研究实施了检修作业区“安全红区”和红区危险源管控的配套措施（见图2-25），即针对车辆伤害风险研究实施了人车交叉作业保命条款；针对起重伤害风险研究实施了安全隔离+起吊作业保命条款的管控模式；针对多吊作业伤害风险研究实施了吊装区域红区管控+起吊区域安全隔离+起吊作业保命条款的管控模式；针对有限空间作业风险研究实施了有限空间作业审批许可+作业区域安全隔离+有限空间危险源管控+有限空间作业保命条款的管控模式；针对高处作业风险研究实施了分级审批许可+高处作业保命条款的管控模式；针对动火作业风险研究实施了分级审批+安全隔离+动火作业保命条款的管控模式。

图2-25　检修作业区“安全红区”和红区危险源管控体系

2.3.2.8　吊装作业区“安全红区”和红区危险源管控

吊装作业区“安全红区”是指对存在多人伤亡风险、多台车吊同时作业的高风险区域，研究实施安全隔离、危险告知、条件准入的红区管控。此类区域存在多台吊半径重叠，人-吊交叉，起重物散落、脱钩、摇摆等高安全风险，为此，研究实施了吊装作业区“安全红区”和红区危险源管控的配套措施（见图2-26），即针对车辆和行人可能误入多吊区域造成伤亡的风险，研究实施了吊装区“红区管控”；针对起吊作业风险实施了安全隔离+起吊作业保命条款的管控模式。

图2-26 吊装作业区“安全红区”和红区危险源管控体系

2.4 “安全绿区”管控体系建设

按照工艺“安全三区”建设特点，研究建立了工艺炉窑、危化工艺装置、特种设备“安全绿区”（见图2-27）。

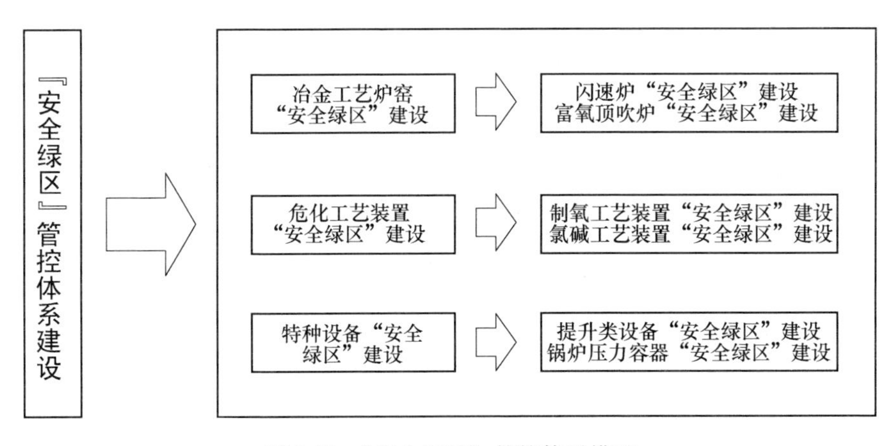

图2-27 “安全绿区”管控体系模型

2.4.1　工艺炉窑类“安全绿区”建设

工艺炉窑的温度、压力、氧量、料量等高风险关键变量参数的异常变化，直接影响工艺炉窑的安全，可能导致炉窑膨胀变形、水套泄漏，发生炉窑喷炉或爆炸事故，为此，研究实施了工艺炉窑类固有本质化“安全绿区”建设。如闪速炉、顶吹炉固有本质化“安全绿区”建设。

2.4.1.1　闪速炉“安全绿区”建设

在闪速炉关键工艺变量参数实施“安全三区”在线监控的基础上，为了控制工艺设备故障异常或人为误操作产生的炉窑安全风险，研究实施了固有本质化“安全绿区”建设，即针对炉窑内熔体剧烈反应，炉体膨胀变形的风险，研究实施了 DCS 系统自动检测报警和联锁控制措施，通过启动停料降荷程序，使熔体反应达到均衡，阻止炉窑变形；针对炉窑水套泄漏爆炸风险研究实施了故障检测报警与紧急停车保护装置，从而确保了闪速炉炉窑安全。

2.4.1.2　富氧顶吹炉“安全绿区”建设

富氧顶吹炉对喷枪氧量和低镍锍熔体温度实施了“安全三区”在线监控，为了防止因炉窑设备故障异常或人为误操作，造成炉窑关键变量参数超出“安全绿区”，发生喷炉或炉窑爆炸事故，研究实施了富氧顶吹炉固有本质化“安全绿区”建设。即针对喷枪氧量过大造成炉渣过氧化后炉渣起泡导致喷炉异常情况，将喷枪静压作为关键变量参数控制，设定了不超过“安全绿区”30kPa 限值，一旦触碰该限值则由 DCS 中控系统发出报警与联锁启动停氧停料程序，避免进一步过氧化反应剧烈，迅速将进氧量静压回调至“安全绿区”运行；针对低镍锍高温熔体温度过高、局部反应剧烈而发生烧坏炉窑本体甚至发生爆炸事故，将炉窑内和炉体温度用热电偶分布监测，温度过高时，DCS 系统自动报警并启动停料联锁程序，使温度迅速回调到“安全绿区”，实现炉窑本质化安全。

2.4.2　危化工艺装置“安全绿区”建设

危化工艺装置属于高风险工艺设备，其主要风险有中毒窒息、火灾爆炸、化学灼伤等。为了控制风险对其温度、压力、电位、配料等关键变量实施了“安全三区”在线监控。为了保证关键变量始终在“安全绿区”运行，防止因设备故障和误操作造成危化工艺装置事故，研究实施了危化工艺装置固有本质化管控措施，即在危化工艺装置故障异常或人为误操作的情况下，实施工艺关键变量在“安全绿区”范围运行的管控措施或自动切断保护措施，确保危化工艺装置安全。

2.4.2.1 制氧工艺装置“安全绿区”建设

制氧工艺装置固有本质化“安全绿区”建设是针对制氧工艺设备故障异常或人为误操作情况，防止制氧工艺装置的温度、压力等关键变量参数异常偏离“安全绿区”范围引发爆炸事故，研究实施的固有本质化管控措施。即针对制氧机组主塔基础温度、机组内温度、压力超出“安全绿区”范围的风险，实施了自动报警、故障自动诊断控制系统及紧急停车系统；针对液氧碳氢化合物富集超标异常情况，设定了碳氢化合物 80×10^{-6} “安全绿区”限值，一旦发生设备故障或人为操作失误，则立即启动液氧气化联锁控制程序，迅速排出不合格液氧，防止碳氢化合物富集到爆炸浓度，保障制氧机组安全运行。

2.4.2.2 氯碱工艺装置“安全绿区”建设

氯碱工艺装置固有本质化“安全绿区”建设是针对氯碱电解食盐水过程中氯含氢浓度和三氯化氮浓度超出“安全绿区”波动范围引发爆炸风险，研究实施的固有本质化管控措施。即针对氯含氢浓度超过5%，在光照或受热情况下发生爆炸的风险，研究实施了氯含氢浓度在线监测控制技术，一旦浓度超出“安全绿区”，迅速降低盐水进量，控制反应速度，实现氯含氢浓度自动调整；针对盐水中铵盐超标，铵盐和氯作用生成氯化铵进而生成三氯化氮而发生剧烈的分解爆炸的风险，研究实施了三氯化氮浓度联锁控制技术，通过自动调整盐水进量，开启排空装置，迅速降低三氯化氮含量，保证三氯化氮浓度在“安全绿区”运行。

2.4.3 特种设备“安全绿区”建设

特种设备“安全绿区”建设是指针对特种设备故障或人为误操作导致其温度、压力、电流、速度等关键变量参数超出“安全绿区”运行范围，引发燃烧、爆炸、火灾的风险，研究实施的固有本质化“安全绿区”管控措施。

2.4.3.1 提升类设备“安全绿区”建设

提升系统主要对罐笼运行速度、制动系统油压、主电机温度等关键参数实施

“安全三区”在线监控，但在提升设备运行过程中，因设备故障或操作失误，导致变量参数异常波动，可能会发生过速、坠罐、过卷等高安全风险，为此，研究实施了 PLC 自动锁死停车控制系统，防坠、防撞、防松绳、过载联锁闭锁保护装置等提升设备固有本质化管控措施。

2.4.3.2 锅炉压力容器“安全绿区”建设

针对锅炉压力容器存在的锅炉严重超压爆炸风险、锅炉液位超高或过低炉水汽化爆炸风险、温度超标锅炉爆炸风险，研究实施了 DCS 控制系统、汽轮机 ETS 控制系统、FSSS 保护系统等固有本质化措施，一旦监测到锅炉压力、温度超过设定“安全绿区”限值后，DCS 中控系统自动报警并联锁启动故障诊断系统、安全阀泄压装置，自动切断粉煤，将温度和压力控制在“安全绿区”范围，避免锅炉反应剧烈发生爆炸。

3 用保命条款管控致命性作业安全

3.1 致命性作业保命体系架构概述

高风险致命性作业危及员工的生命安全与健康，其致命性伤害风险不可控不受控，是导致企业伤害程度降不下来的重要根源，建立完善一套致命性作业保命体系，并用其保命条款管控企业致命性作业安全，是企业实现零死亡的科学有效管控方法。基于这一理念，金川集团按照管安全就要管风险的原理，研究构建了致命性作业保命体系架构，控制了致命性作业风险，消除了致命性伤害隐患，对实现企业零死亡和长周期安全生产提供了强有力的管控方法支撑和措施保障。

按照管“安全”就要用“保命条款”管控企业安全的原则，构建了用致命性作业保命条款管控致命性作业安全的体系架构，即用采掘作业保命条款管控采掘作业安全、用建筑施工作业保命条款管控建筑施工作业安全、用厂区道路行车作业保命条款管控道路行车作业安全、用起重吊装作业保命条款管控起重吊装作业安全、用检修作业保命条款管控检修作业安全、用皮带作业保命条款管控皮带作业安全、用有限空间作业保命条款管控有限空间作业安全、用动火作业保命条款管控动火作业安全、用高处作业保命条款管控高处作业安全、用冶金炉窑作业保命条款管控冶金炉窑作业安全、用有毒有害岗位作业保命条款管控有毒有害岗位作业安全等，其体系架构如图 3-1 所示。

用保命条款管控企业安全具体如下：

（1）用矿山采掘作业保命条款来管控矿山采掘作业安全。

1）凿岩作业保命条款；

2）装药作业保命条款；

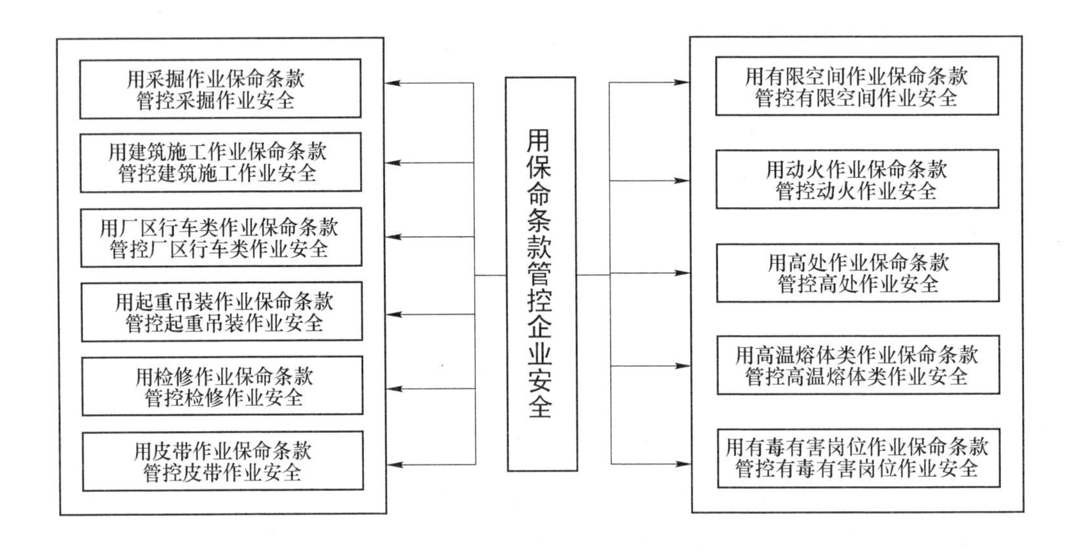

图 3-1　用保命条款管控企业安全体系架构图

3）施爆作业保命条款；

4）出矿作业保命条款；

5）充填作业保命条款；

6）提绞作业保命条款；

7）溜井作业保命条款。

（2）用建筑施工作业保命条款来管控建筑施工作业安全。

1）车吊作业保命条款；

2）塔吊作业保命条款；

3）高处作业保命条款；

4）动火作业保命条款；

5）用电作业保命条款；

6）有限作业保命条款；

7）基坑作业保命条款；

8）装载作业保命条款。

（3）用厂区内道路行车保命条款来管控矿山采掘作业安全。

1）人车交叉保命条款；

2）岔口行车保命条款；

3）道口行车保命条款；

4）坡道行车保命条款；

5）倒车作业保命条款；

6）停车作业保命条款；

7）转弯行车保命条款；

8）启动车辆保命条款。

（4）用起重吊装作业保命条款来管控吊装作业安全。

1）汽车吊作业保命条款；

2）塔式吊作业保命条款；

3）天车吊作业保命条款；

4）龙门吊作业保命条款；

5）电葫芦作业保命条款；

6）起重扶位作业保命条款。

（5）用检修作业保命条款管控检修作业安全。

1）起重作业保命条款；

2）高处作业保命条款；

3）动火作业保命条款；

4）有限空间作业保命条款；

5）停送电作业保命条款；

6）设备检修作业保命条款。

（6）用动火作业保命条款管控动火作业安全。

1）矿山井筒动火作业保命条款；

2）有限空间动火作业保命条款；

3）易燃易爆区动火作业保命条款；

4）高处动火作业保命条款；

5）危化区动火作业保命条款。

（7）用皮带作业保命条款管控皮带作业安全。

1）皮带调偏作业保命条款；

2）皮带清扫作业保命条款；

3）皮带分拣作业保命条款；

4）皮带检修作业保命条款。

（8）用有限空间作业保命条款管控有限空间作业安全。

1）冶金炉窑类有限空间作业保命条款；

2）塔釜槽罐类有限空间作业保命条款；

3）锅炉压力容器类有限空间作业保命条款；

4）地井地窑池沟类有限空间作业保命条款；

5）管道、烟道类有限空间作业保命条款。

3.2　致命性作业界定原则和保命条款编制原则

3.2.1　致命性作业界定原则

致命性作业界定原则有三项：

（1）案例分析统计原则。统计同行业及本企业历年来发生的致命性伤害事故，从事故案例中确定致命性伤害作业。

（2）风险辨识原则。按照风险辨识的方法，对工艺系统、设备设施、作业环境实施风险辨识，通过风险辨识，确定可能存在的致命性伤害作业。

（3）专家诊断原则。组织安全专家对工艺系统、设备设施、作业环境实施专家诊断评估，确定可能存在的致命伤害作业。

3.2.2　致命性作业保命条款编制原则

致命性作业保命条款编制原则有五项：

（1）遵循充分条件的原则，按照“只要……就……”的逻辑关系研究制定保命条款。

（2）遵循切断事故链，防止事故发生的原则研究制定保命条款。

（3）遵循每个条款不超过两条，超过两条就分开的原则研究制定保命条款。

（4）遵循保命条款必须是保命，不是保工艺、设备不出故障的原则研究制定保命条款。

（5）遵循先进科学、有效的原则研究制定保命条款。

3.2.3　致命性作业保命体系架构

根据行业及本企业事故案例统计、工艺技术特点和伤害路径，研究建立了矿山采掘作业保命体系、建筑施工作业保命体系、厂区道路行车作业保命体系、起重吊装作业保命体系、检修作业保命体系、皮带作业保命体系、有限空间作业保命体系、动火作业保命体系、高处作业保命体系、冶金炉窑作业保命体系、有毒有害岗位作业保命体系等。致命性作业保命体系架构如图 3-2 所示。

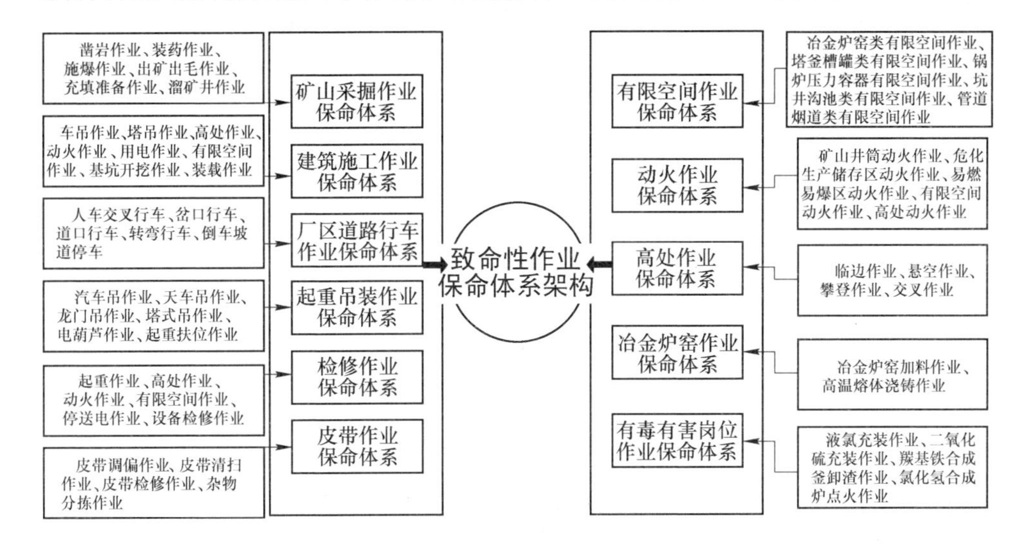

图 3-2 高风险致命性作业保命体系架构

3.3 用矿山采掘作业保命条款管控采掘作业安全

根据采掘工艺技术特点、采掘事故案例以及安全风险辨识，确定出矿山采掘施工六大作业环节存在高安全风险。即凿岩作业、装药作业、施爆作业、出矿出毛作业、充填准备作业、溜矿井作业。针对高风险作业固有的危险有害因素及致命伤害路径，研究实施了采掘区域红区危险告知、条件准入和红区高危作业保命条款，即采掘区域红区管控+红区危险源管控+红区高危作业保命条款的管控模式。矿山采掘作业保命体系如图 3-3 所示。

3.3.1 凿岩作业保命条款

凿岩分为手持式凿岩作业和机械化凿岩作业两种，该作业是采掘高风险作业之一。在凿岩过程中，因检撬不彻底，易发生片冒事故；另在凿岩过程中，还存在无轨设备铲运机误入采掘区段，造成人员伤害。故对采掘区段研究实施了危险

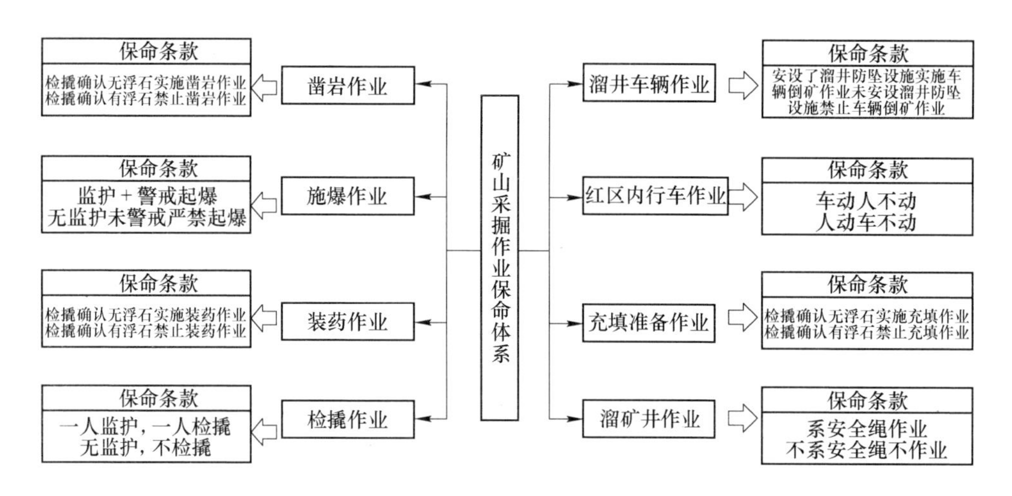

图 3-3　矿山采掘作业保命体系

告知、条件准入的“红区管控”措施，研究制定了“检撬确认无浮石实施凿岩作业，检撬确认有浮石禁止凿岩作业”的凿岩作业保命条款，即用采掘区段红区管控+凿岩作业保命条款管控凿岩作业安全（见图 3-4）。

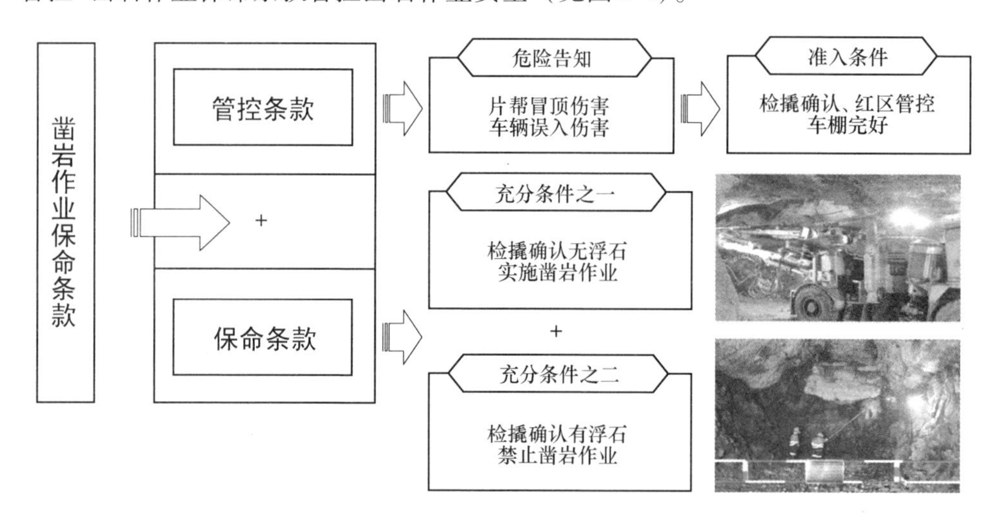

图 3-4　凿岩作业保命条款

3.3.2　装药作业保命条款

装药作业分为人工装药和装药车装药两种作业，其装药过程存在两大风险，一是片冒风险；二是无轨设备误入伤人风险。针对无轨设备误入伤人的风险，实施了采掘区段红区管控（危险告知、条件准入）；针对片冒风险，研究制定了“检撬确认无浮石实施装药作业，检撬确认有浮石禁止装药作业”的装药作业保命条款。即用采掘区段红区管控+装药作业保命条款管控装药作业安全（见图3-5）。

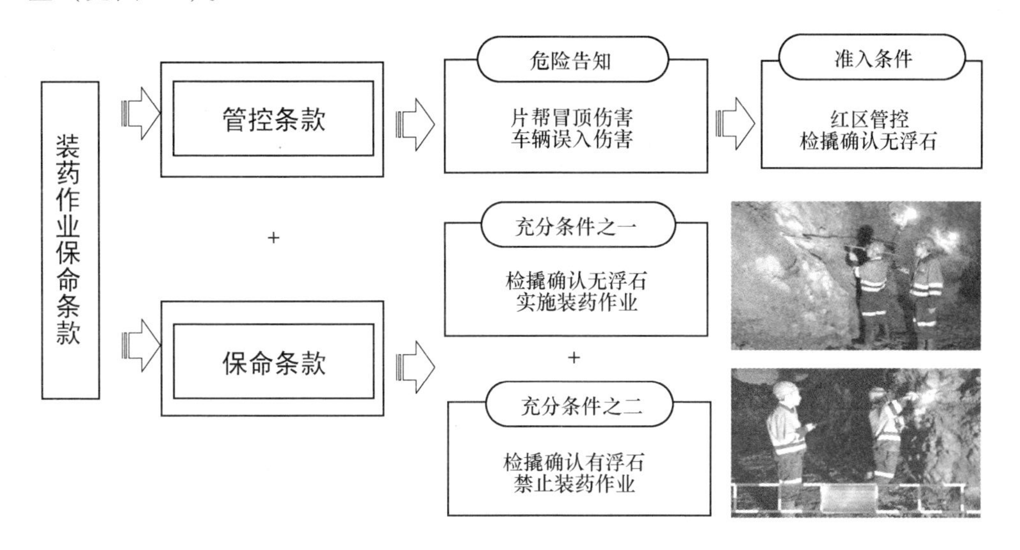

图3-5　装药作业保命条款

3.3.3　施爆作业保命条款

施爆作业是采掘工艺的重要作业环节，安全风险大，事故概率高。对历年爆破事故归类统计分析，施爆作业存在三方面风险：（1）由于警戒不到位，致使非施爆人员误入爆破警戒区，造成爆破伤人风险；（2）施爆人员点炮后，冒险返回爆破区，造成爆破伤人风险；（3）相向施工或相近施工时，由于爆破前未通知对方或通知有误，也可造成爆破伤人风险。针对上述三方面风险，研究制定了“监护+警戒起爆，无监护未警戒严禁起爆”的施爆作业保命条款管控施爆作业安全，即施爆警戒区+施爆作业保命条款的管控模式（见图3-6）。

3.3.4　出矿出毛作业保命条款

井下出矿出毛过程中存在人车交叉作业风险、车辆误入作业区段风险、人员坠入溜井的风险、片冒垮塌风险。针对出矿出毛过程人车交叉作业风险，研究实施了人动车不动、车动人不动行车保命条款；针对出矿出毛过程车辆误入其他作

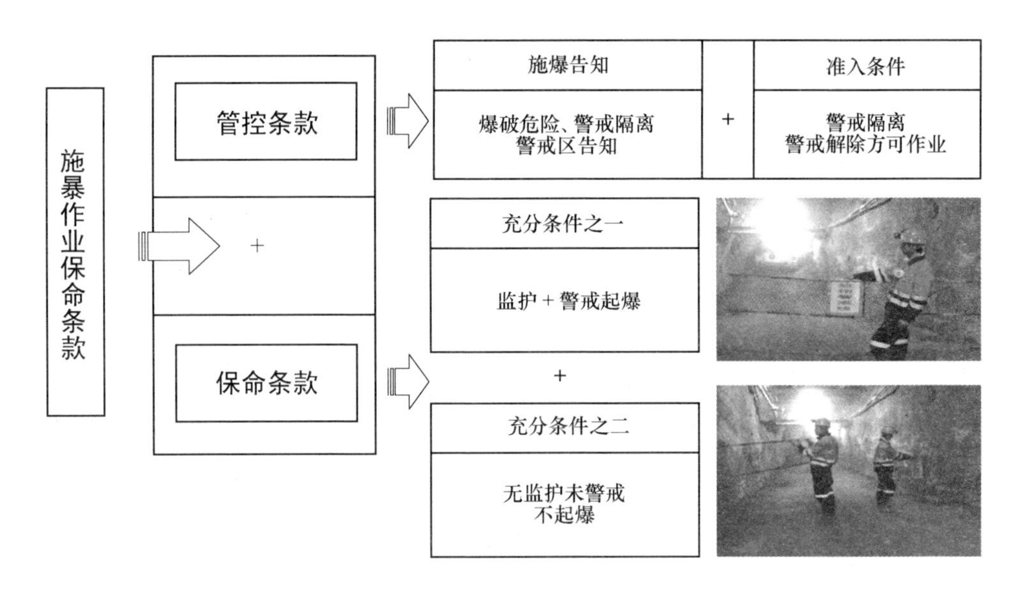

图 3-6　施爆作业保命条款

业面的风险，研究实施了采掘区段红区危险告知、条件准入的红区管控措施；针对出矿出毛过程溜井防护被打开有坠入溜井的风险，研究实施了溜井车辆作业保命条款；针对出矿出毛时有片冒风险，研究实施了检撬作业保命条款。即研究实施了采掘区红区管控+红区内行车保命条款+作业区段红区管控+溜井车辆作业保命条款+检撬作业保命条款的安全管控模式管控出矿出毛作业安全（见图 3-7）。

3.3.5　充填准备作业保命条款

充填准备作业属于井下高风险作业，在铺设钢筋、吊挂和砌板墙过程中，存在片冒风险和无轨设备误入伤人风险。针对片冒风险，研究实施了“一人监护，一人检撬”的检撬作业保命条款；针对无轨设备误入伤人风险，研究实施了危险告知、条件准入的红区管控。即实施了充填进路红区管控+充填准备作业保命条款的安全管控措施管控充填准备作业安全（见图 3-8）。

3.3.6　溜矿井作业保命条款

根据溜矿井作业事故案例及环境风险因素分析，溜矿井作业存在员工在溜井作业时坠井风险。针对坠井风险，研究实施了“系安全绳作业，不系安全绳不作业”的溜矿井作业保命条款（见图 3-9）。

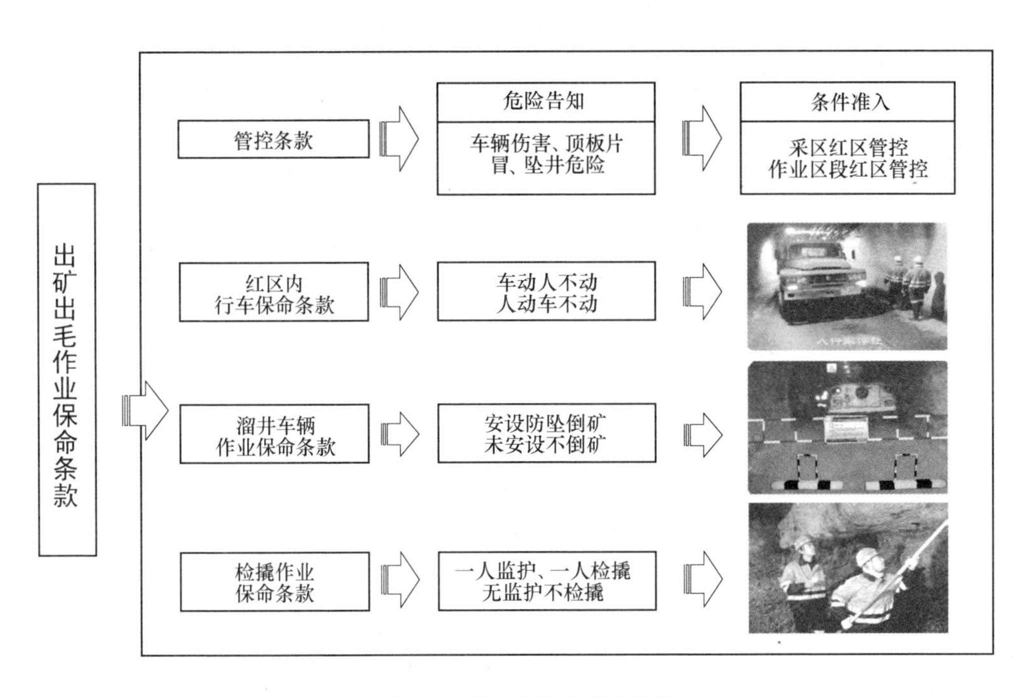

图 3-7 出矿出毛作业保命条款

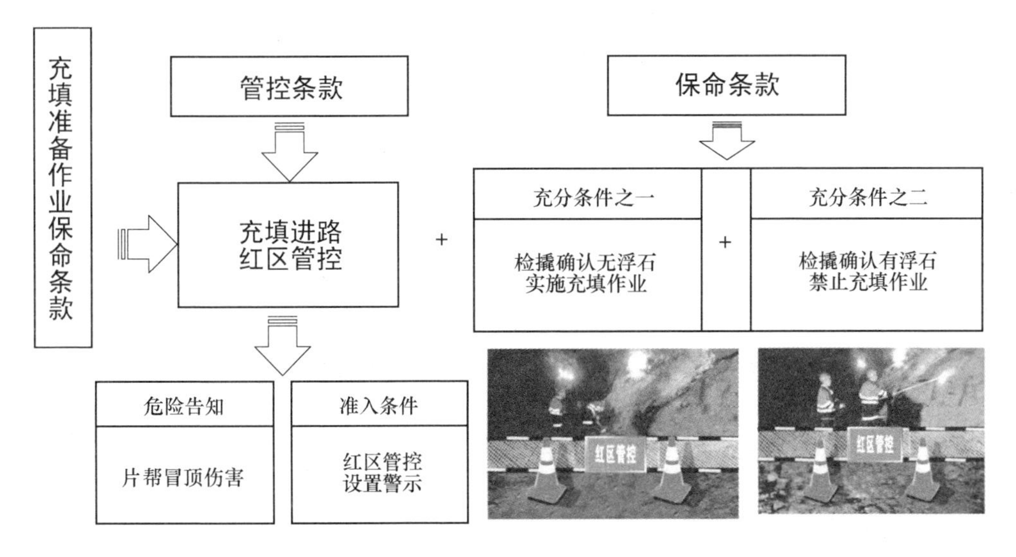

图 3-8 充填准备作业保命条款

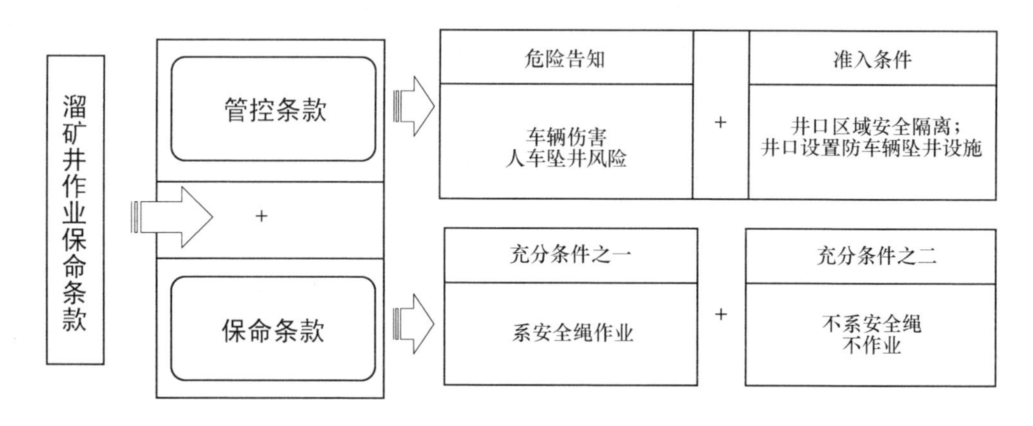

图 3-9　溜矿井作业保命条款

3.4　用建筑施工作业保命条款管控建筑施工作业安全

按照建筑施工安全生产特点和依据法律法规的规定，建筑施工行业属于高危行业。根据建筑施工事故案例归类统计、事故发生频率以及作业风险程度大小，确定了八项高安全风险建筑施工作业环节，即车吊作业、塔吊作业、高处作业、动火作业、停送电作业、有限空间作业、基坑开挖作业、装载作业。针对上述八大高风险施工作业环节，依据事故发生的主要特征、致命伤害的原因和切断事故链的原则，研究制定了建筑施工作业八项保命条款，并将其保命条款作为红线、生命线、高压线高压实施，确保建筑施工作业安全（见图 3-10）。

3.4.1　车吊作业保命条款

车吊作业有单台车吊作业和多台车吊作业。按照单吊作业和多吊作业安全风险不同，并按照车吊作业过程中存在起重物散落、脱钩、摇摆、起重臂触及高压放电区、多台车吊作业半径重叠、人-吊交叉作业等安全风险，研究制定了单台车吊作业“隔离外指吊起吊，隔离内指吊拒吊”的保命条款，实施了起吊区域安全隔离+保命条款管控措施；对多台车吊作业实施了吊装作业区域红区管控+单吊起吊区安全隔离+起吊作业保命条款的安全管控模式（见图 3-11）。

3.4.2　塔吊作业保命条款

塔式起重作业属于建筑施工的固定式起重作业。在吊装过程中存在吊车与高

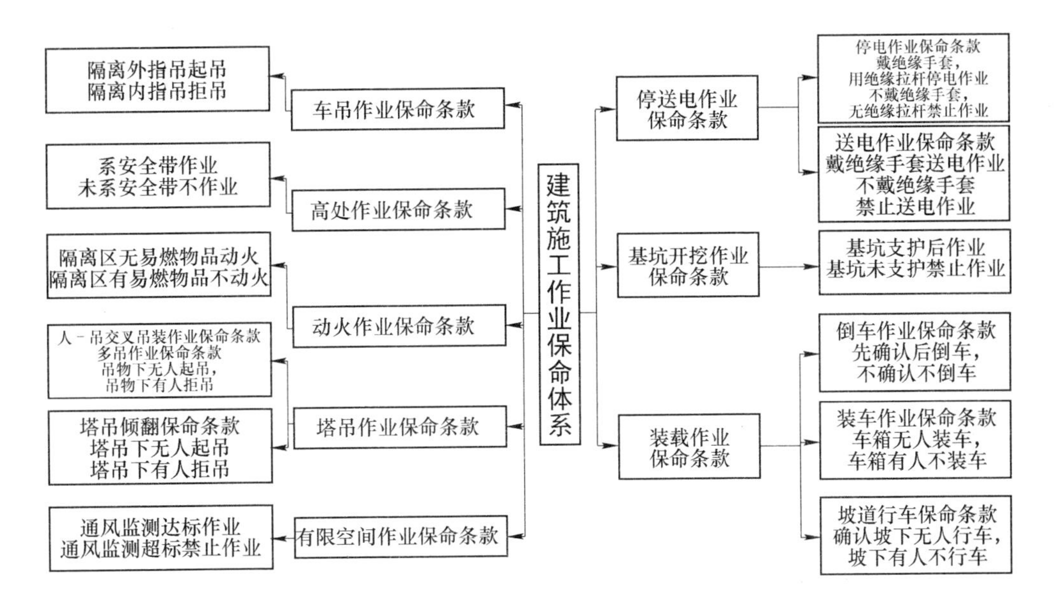

图 3-10 建筑施工作业保命体系

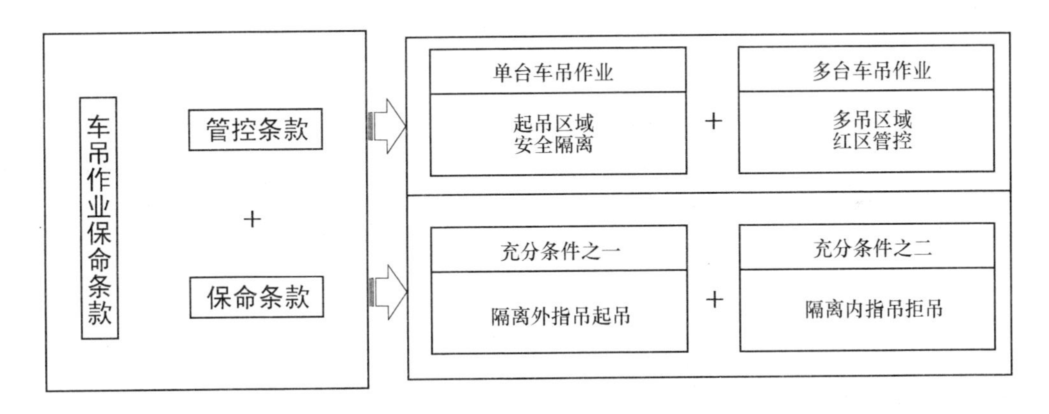

图 3-11 车吊作业保命条款

处作业人员交叉风险、吊装物散落和脱钩及摆动风险、多吊作业吊臂交错重叠风险、塔机倾翻风险等，为控制作业风险，研究实施了人-吊交叉吊装作业保命条款管控人-吊交叉作业风险；实施了多吊作业专项方案+多吊作业保命条款的管控模式管控多吊作业风险；实施了“塔吊下无人起吊，塔吊下有人拒吊”的塔吊倾翻保命条款，用塔吊倾翻保命条款管控塔吊作业安全（见图 3-12）。

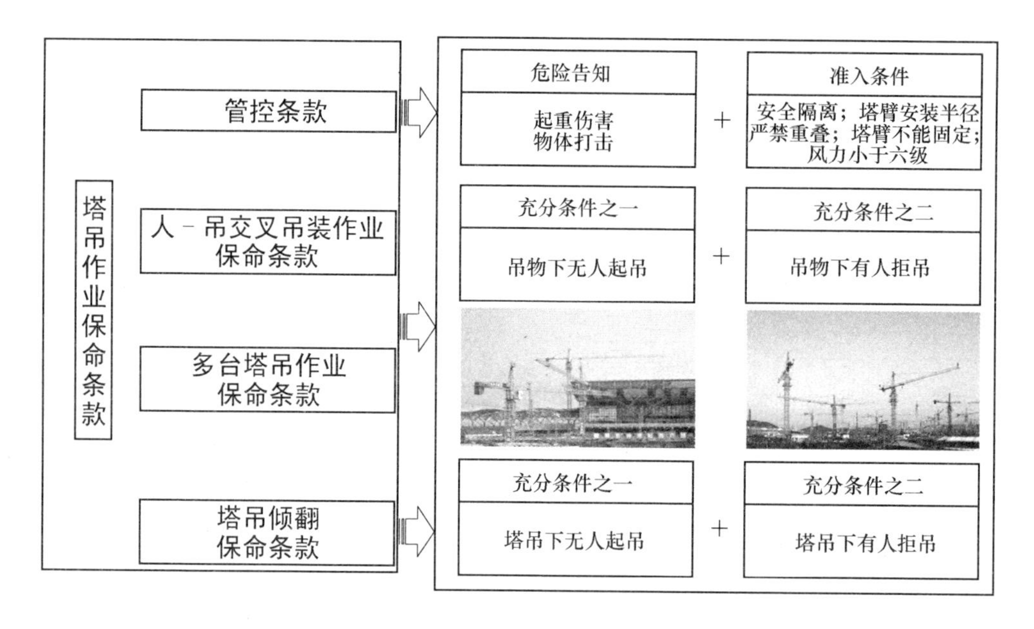

图 3-12　塔吊作业保命条款

3.4.3　高处作业保命条款

建筑施工行业属于高危行业，按照对建筑施工事故案例统计分析，高处作业坠落事故排在建筑施工各类事故之首，其主要原因是建筑施工队伍构成中，劳务队伍占的比重很大，且人员流动频繁，自我安全意识低，加之属地化监管责任不落地，致使户外劳务人员高处作业不系安全带现象较为严重。为此，研究实施了分级审批许可+高处作业保命条款的安全管控模式管控建筑施工高处作业安全（见图 3-13）。

3.4.4　动火作业保命条款

动火作业是建筑施工作业的一项高风险作业，其动火作业主要有电焊和气焊两种。按照动火作业案例分析，主要存在电焊作业焊渣有引燃可燃物发生火灾、气焊作业明火有引燃可燃物发生火灾两大风险。为控制动火作业安全风险，研究制定了“隔离区无易燃物品动火，隔离区有易燃物品不动火”的动火作业保命条款，实施了动火作业分级审批许可+动火区域安全隔离+动火作业保命条款的安全管控模式管控动火作业安全（见图 3-14）。

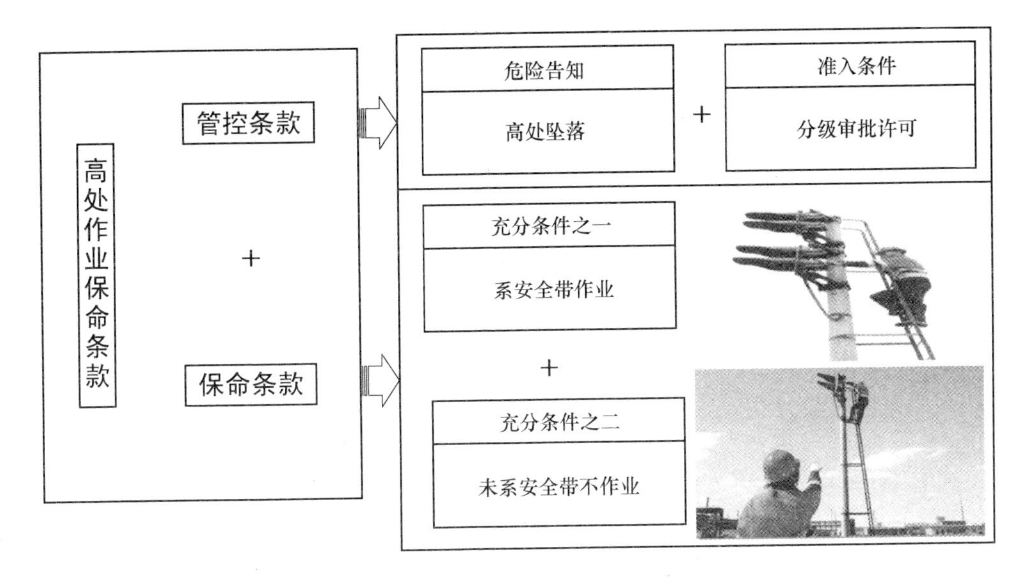

图 3-13 高处作业保命条款

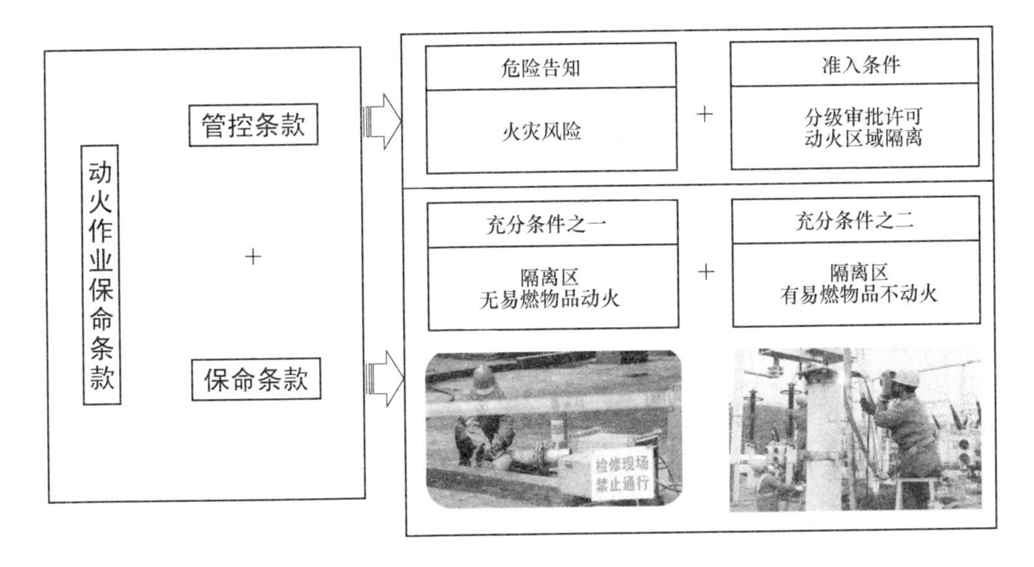

图 3-14 动火作业保命条款

3.4.5 停送电作业保命条款

建筑施工现场停送电安全是建筑施工安全管理中反复抓、抓反复的一项重点工作。主要存在接地接零不规范、配电箱电线乱拉乱搭、不经漏电保护接电、铜丝作保险丝、一闸多机、一个插座多机、与高压线距离小于安全距离、电线包扎不规范、违反一机一闸一漏一箱规定等风险，极容易发生触电伤害，根据停送电作业事故案例及高低压停送电风险特点，研究制定了“戴绝缘手套，用绝缘拉杆停电作业；不戴绝缘手套，无绝缘拉杆禁止作业”的停电作业保命条款和“戴绝缘手套送电作业，不戴绝缘手套禁止送电作业”的送电作业保命条款，用保命条款管控停送电作业安全（见图 3-15）。

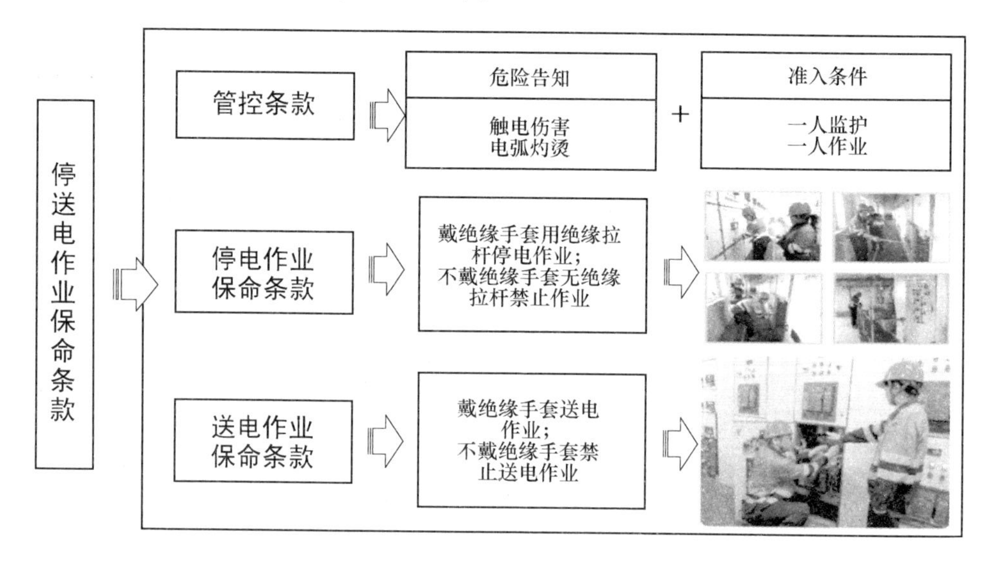

图 3-15　停送电作业保命条款

3.4.6　有限空间作业保命条款

在建设工程新建、改建、扩建过程中，塔、釜、罐、槽车以及管道、炉膛、烟道、隧道、涵洞、沟、井、坑、池等进出口受限，通风不良的封闭、半封闭场所，存在易燃易爆物浓度、有毒有害气体（粉尘）浓度、氧气浓度不达标的风险，按照有限空间事故案例统计及危险有害因素，研究制定了“通风监测达标作业，通风监测超标禁止作业”的有限空间作业保命条款，实施了有限空间作业审批许可+有限空间作业保命条款+有限空间危险源管控的安全管控模式（见图 3-16）。

3.4.7　基坑开挖作业保命条款

基坑开挖作业存在边坡纵向失稳滑坡、钢支撑失稳变形、围护结构涌水涌

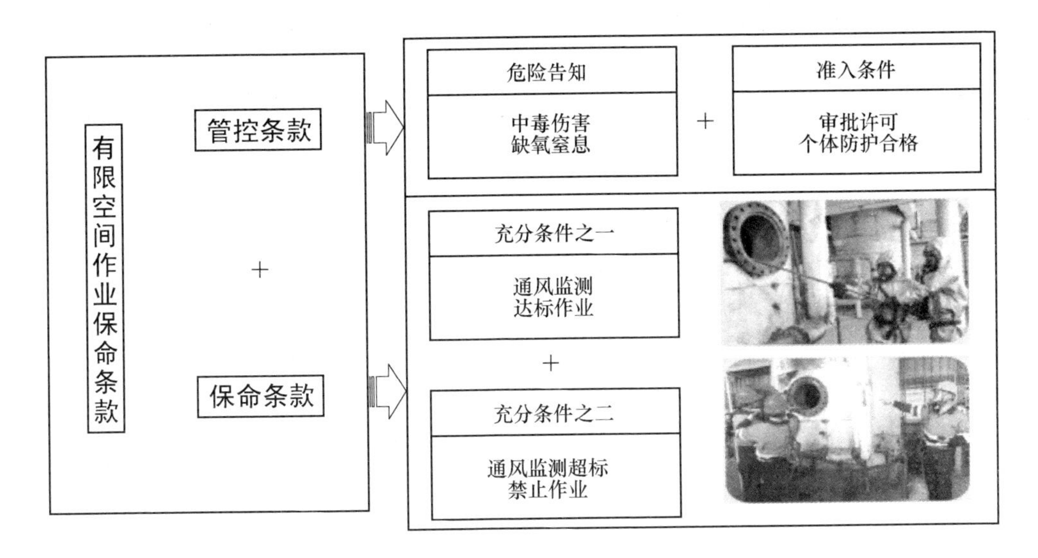

图 3-16 有限空间作业保命条款

砂、基坑坍塌（崩塌）、地面下沉等风险，可能造成人员伤害，其主要原因是基坑支护不稳固盲目开挖。为控制作业风险，根据基坑开挖作业事故案例和危险有害因素，研究实施了“基坑支护后作业，基坑未支护禁止作业”的保命条款管控基坑开挖作业安全（见图 3-17）。

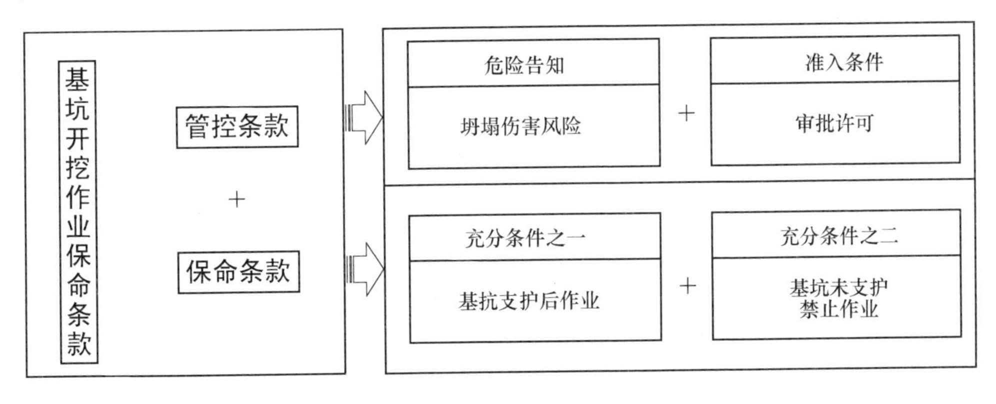

图 3-17 基坑开挖作业保命条款

3.4.8 装载作业保命条款

装载作业属于高风险作业。由于装载过程存在作业场地凹凸不平、瞭望视线差、倒车作业频繁、人车交叉多等客观条件，且存在倒车、启动、装载和坡道行车等高风险作业环节，在装载作业过程中存在倾翻、辗轧、溜车等车辆伤害和物体打击风险。因此，根据装载作业事故案例、装载作业环节特点及致命伤害路径，研究实施了装载区域安全隔离+倒车作业保命条款+启动作业保命条款+装车作业保命条款+坡道行车保命条款的安全管控模式管控装载作业安全（见图 3-18）。

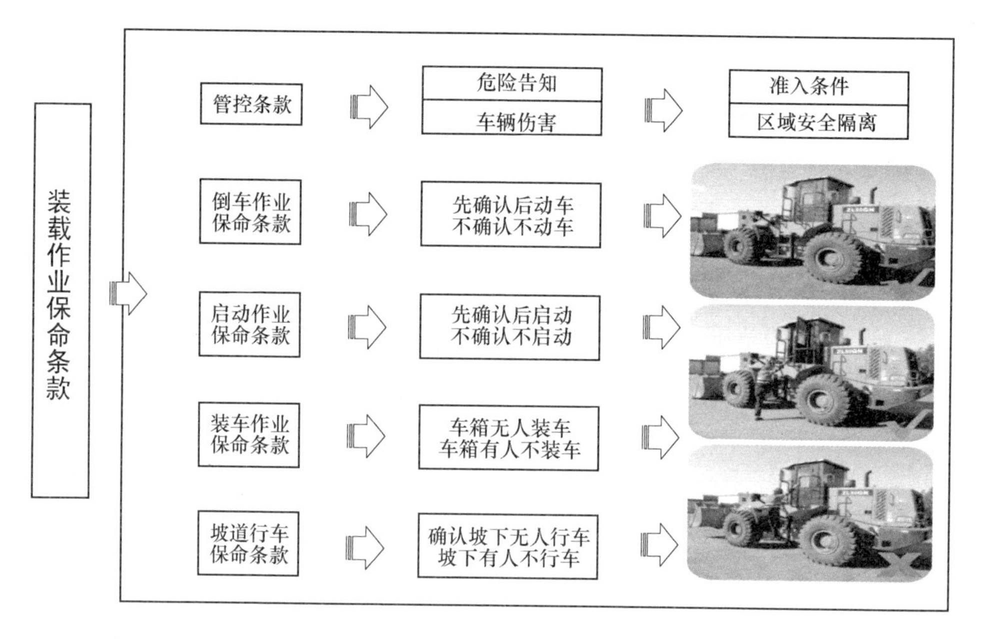

图 3-18　装载作业保命条款

3.5　用厂区道路行车作业保命条款管控行车作业安全

厂（矿）区道路运输是企业安全管理的一大难题，由于厂区道路行车的特殊性，近年来，车辆伤害事故多发频发，已严重威胁员工的生命安全与家庭幸福，影响了企业的和谐发展与良好形象，按照厂（矿）区道路行车安全特点和行业及本企业厂区道路行车事故案例，研究确定了厂区行车、岔口行车、道口行车、转弯行车、坡道停车、倒车 6 项高风险厂区道路行车作业，存在车辆伤害风险。为控制厂区道路行车作业风险，根据厂区道路行车安全特点，研究实施了 8 项厂区道路行车作业保命条款管控厂区道路行车作业安全（见图 3-19）。

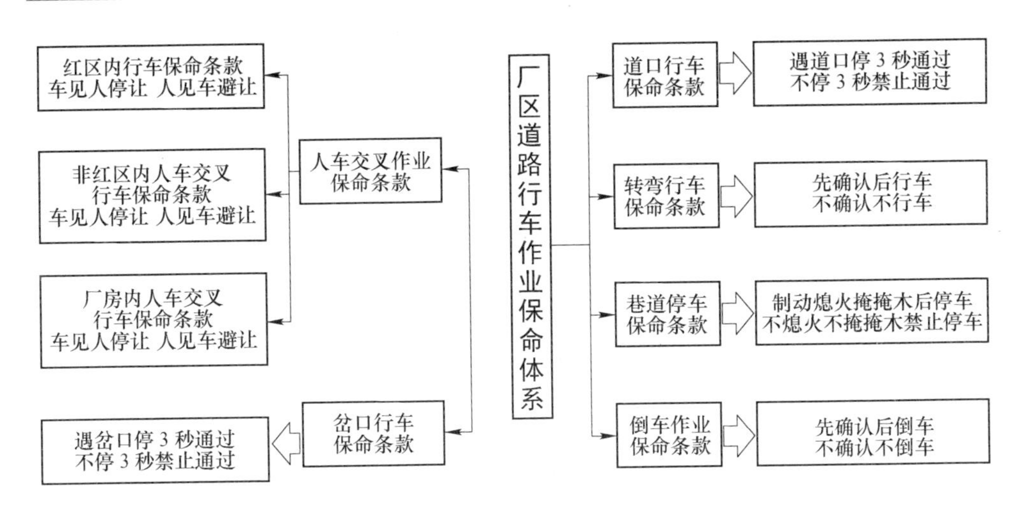

图3-19 厂区道路行车作业保命体系

3.5.1 人车交叉作业保命条款

人车交叉作业保命条款如图3-20所示。

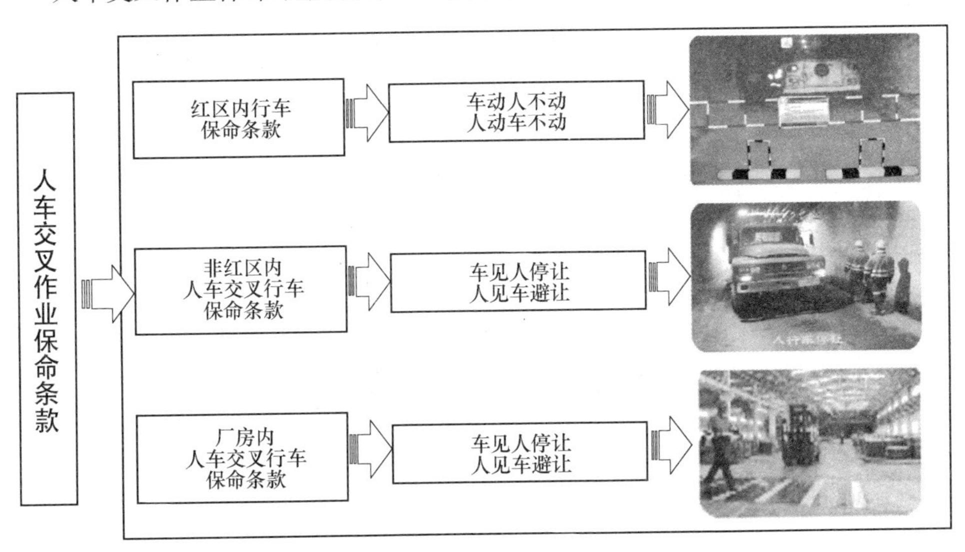

图3-20 人车交叉作业保命条款

3.5.1.1 红区内行车保命条款

矿山采掘区域实施了红区管控措施，但红区管控只是告知红区内危险有害因素和准入条件，没有研究红区内危险源的安全管控措施。行车作业是本红区内的高风险作业，为了控制红区内行车作业安全风险，实现红区内行车作业安全，研究实施了“车动人不动，人动车不动”的红区内行车作业保命条款，即有车在红区内作业时，人员不得进入红区（见图 3-21）。

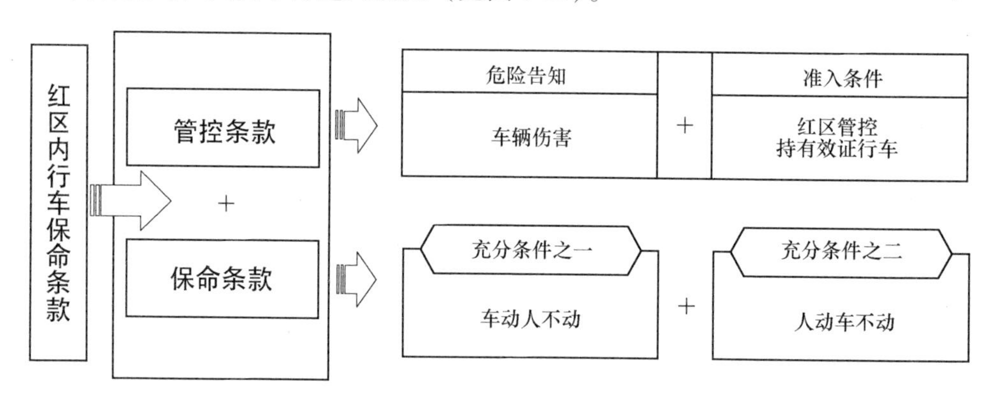

图 3-21　红区内行车保命条款

3.5.1.2　非红区内人车交叉行车保命条款

矿山单位不但在采掘区实施了红区管控措施，而且在主要运输巷道实施了非红区管控措施，但非红区管控措施只是告知在安全间距狭窄的巷道行走时不能停留，没有研究非红区内人车交叉风险的管控措施。人车交叉作业是非红区内的高风险行车作业，为了控制非红区内人车交叉作业安全风险，实现非红区内行车作业安全，研究实施了“车见人停让，人见车避让”的保命条款（见图 3-22）。

3.5.1.3　厂房内人车交叉行车保命条款

厂房内受区域限制，人车交叉频次高，存在车辆伤害风险。根据厂房行车事故案例和作业特点，在空间较大的厂房内规划了人行通道、车行通道的管控措施，行人和车辆各行其道确保安全；在空间狭小的厂房区域，研究实施了“车见人停让，人见车避让”的保命条款管控人车交叉作业安全（见图 3-23）。

3.5.2　岔口行车保命条款

矿山井下采取红区内行车保命条款管控红区内行车作业安全，用非红区人车交叉行车保命条款管控非红区行车安全。在作业繁忙、瞭望视线差的关键岔口仍

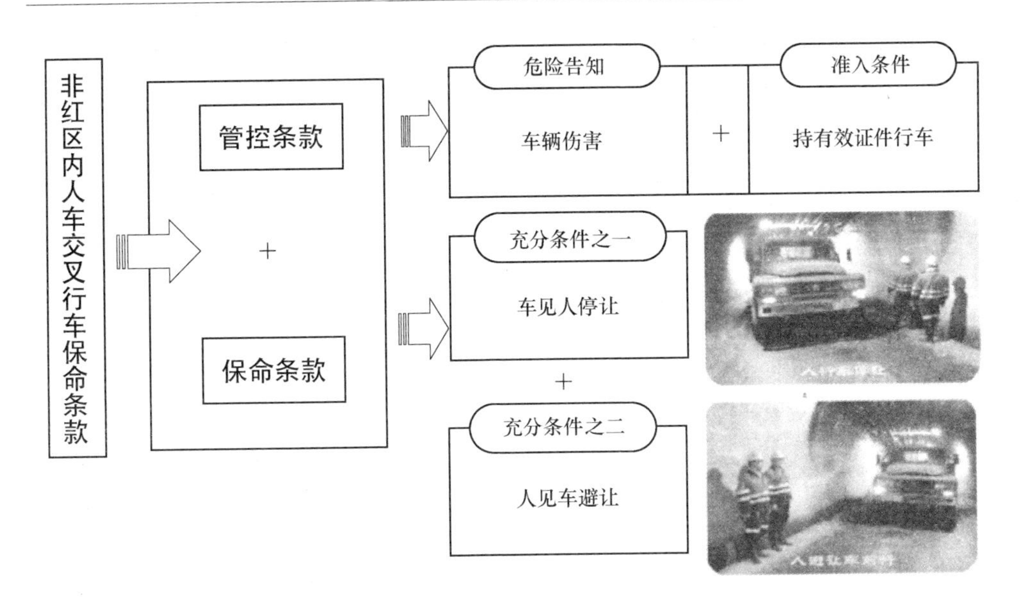

图 3-22　非红区内人车交叉行车保命条款

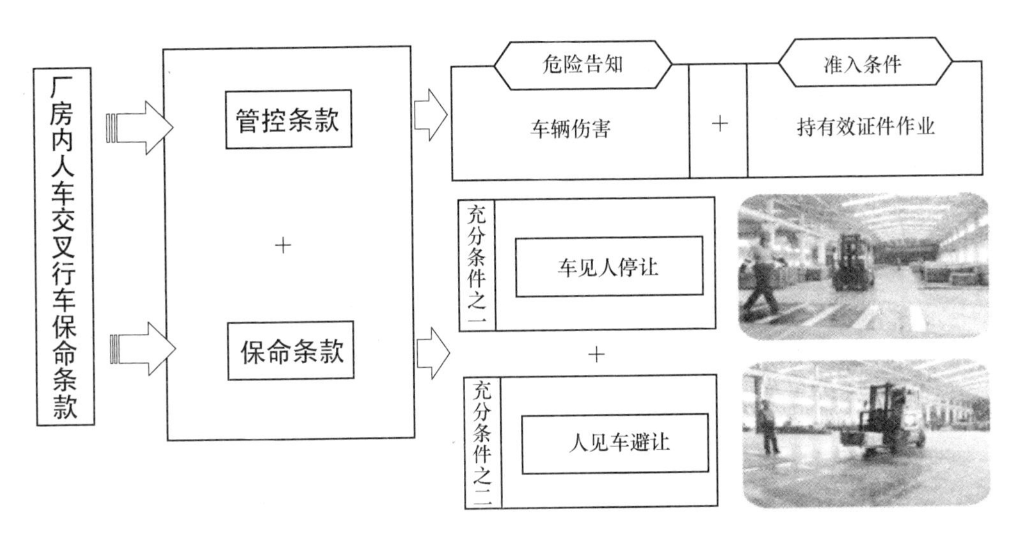

图 3-23　厂房内人车交叉行车保命条款

存在车辆伤害高安全风险。为了控制行车作业风险，在关键岔口设置了停车 3 秒警示牌，只要有警示牌的岔路口司机必须停车 3 秒确认。并制定了“遇岔口停 3 秒通过，不停 3 秒禁止通过”的保命条款，实现用关键岔口行车作业保命条款管控岔口行车安全（见图 3-24）。

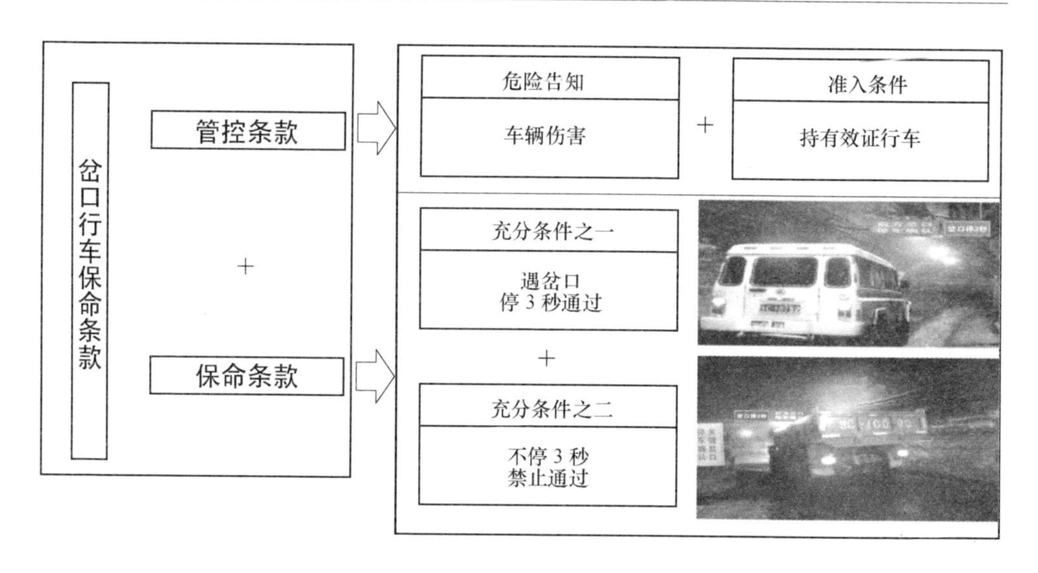

图 3-24　岔口行车保命条款

3.5.3　道口行车保命条款

铁路道口包括有人值守道口和无人值守道口。有人值守道口实施了信号、栏木、报警等安全管控措施；无人值守道口实施了道口警示标志安全措施。车辆通过有人值守道口必须停车确认信号开放，栏木打开方可通行；通过无人值守道口必须确认无列车驶向道口方可通行，否则，将存在列车与汽车相撞的风险，为了杜绝道口行车事故，研究实施了“遇道口停3秒通过，不停3秒禁止通过”的道口行车保命条款管控道口行车作业安全（见图3-25）。

3.5.4　转弯行车保命条款

厂区道路岔口多，行人和车辆通过岔路口安全风险高。按照岔路口转弯行车事故案例和行车“内轮差”理论，车辆转弯时会形成“视觉盲区”，极容易与其他车辆发生碰撞或将非机动车及行人卷入车轮，造成人员伤亡。根据转弯行车特点和车辆伤害风险因素，研究实施了“先确认后行车，不确认不行车”的保命条款，用转弯行车作业保命条款管控转弯行车安全（见图3-26）。

3.5.5　巷道停车保命条款

井下巷道内作业环境复杂，人车交叉环节多，在巷道停车发生溜车现象，容

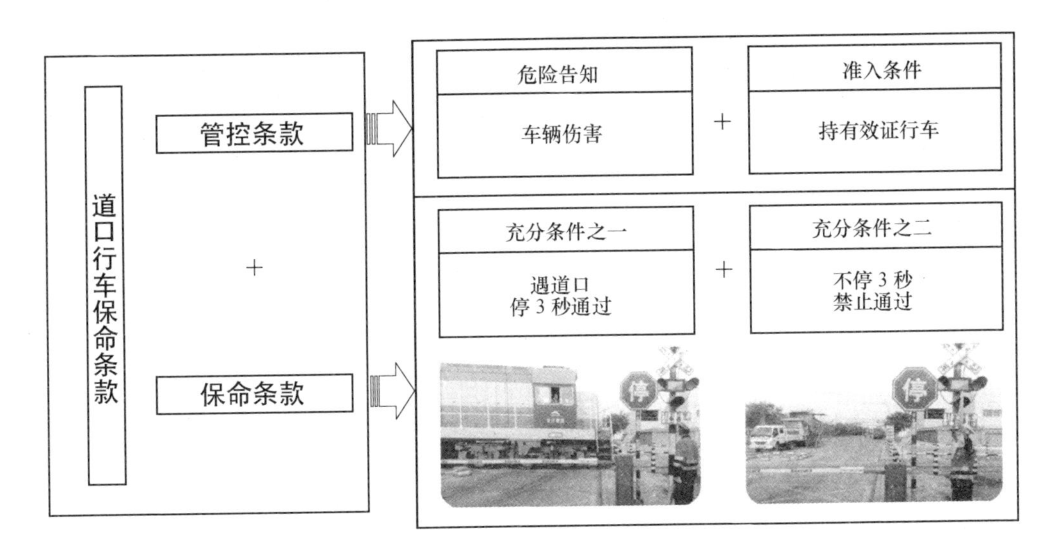

图 3-25 道口行车保命条款

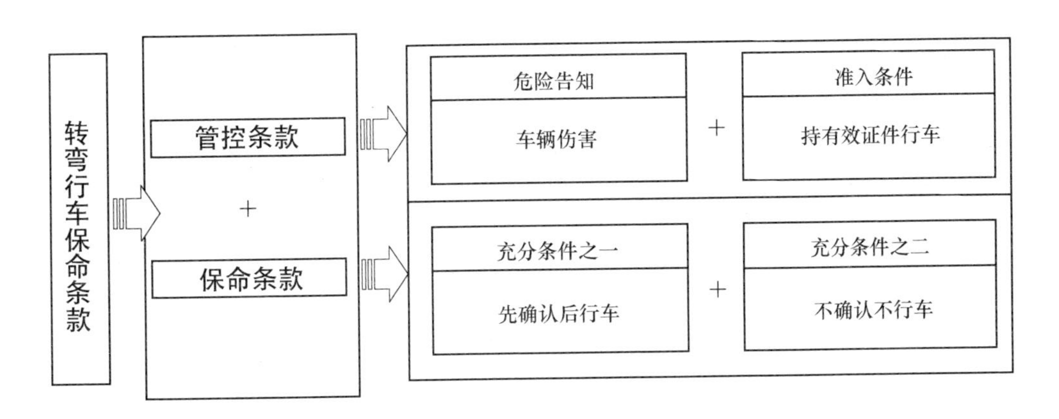

图 3-26 转弯行车保命条款

易造成车辆伤害事故。为了杜绝溜车事故，根据历年来行业及本企业事故案例和巷道作业特点，研究实施了“制动熄火，掩掩木后停车；不熄火，不掩掩木禁止停车”的保命条款，用巷道停车作业保命条款管控停车安全（见图 3-27）。

3.5.6 倒车作业保命条款

在各类车辆倒车过程中，受环境条件限制，存在视觉盲区风险和环境风险，特别是厂区厂房倒车和特种车辆倒车的安全风险更高，如果倒车不确认或确认不

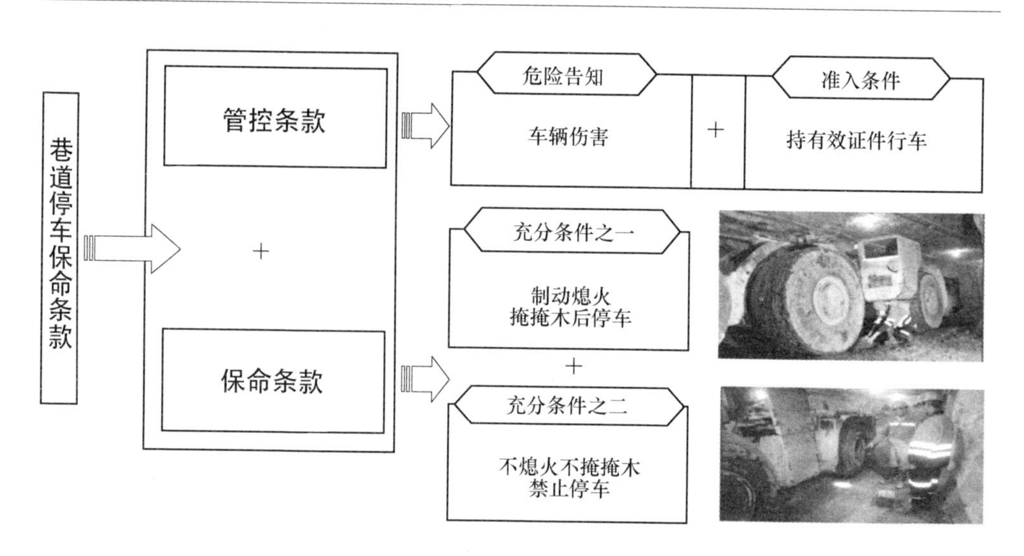

图 3-27　巷道停车保命条款

彻底，臆测倒车，就可能发生车辆伤害事故。根据各类倒车伤害事故案例，研究实施制定了“先确认后倒车，不确认不倒车”的保命条款，用倒车作业保命条款管控倒车作业安全（见图 3-28）。

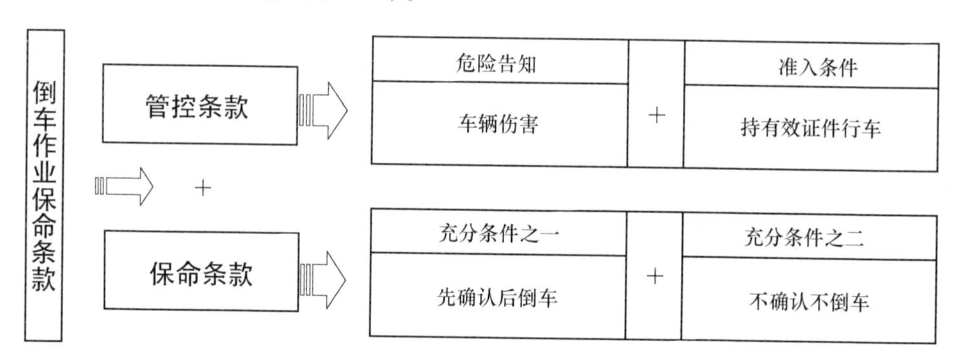

图 3-28　倒车作业保命条款

3.6　用起重吊装作业保命条款管控起重吊装作业安全

根据起重吊装作业类型、起重吊装作业特点和起重吊装事故案例统计，按照高风险作业界定原则，确定了六项起重吊装作业为高安全风险作业，即汽车吊作业、天车吊作业、龙门吊作业、塔式吊作业、电葫芦作业、起重扶位作业。按照高风险作业危险有害因素和伤害路径，研究实施了起重吊装作业红区管控+起重吊装区域安全隔离+起重吊装作业保命条款的管控架构模式（见图3-29）。

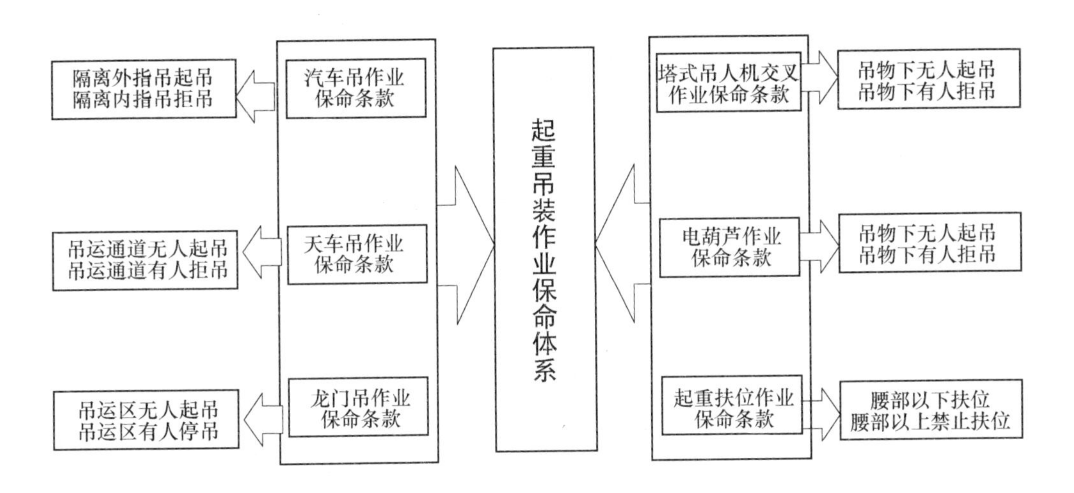

图3-29 起重吊装作业保命体系

3.6.1 汽车吊作业保命条款

汽车吊作业包括单台汽车吊作业和多台汽车吊作业。根据汽车吊作业特点和历年来发生的汽车吊作业事故案例统计分析，辨识出汽车吊作业存在起重物散落、脱钩、摇摆、起重臂触及高压放电区、吊车倾翻、吊臂折断、多台车吊作业半径重叠、人吊交叉作业等安全风险，易发生致命伤害事故。因此，对单台汽车吊制定了“隔离外指吊起吊，隔离内指吊拒吊”的保命条款，对多台汽车吊作业研究实施了吊装作业区域红区管控+单吊起吊区域安全隔离+起吊作业保命条款安全管控模式，实现汽车吊作业安全（见图3-30）。

3.6.2 天车吊作业保命条款

根据天车吊作业特点和事故案例统计分析，辨识出可能发生致命伤害的五项作业风险，即起重物件散落、吊装脱钩、钢丝绳断裂、制动器失灵、天车吊运行过程碰撞伤人等风险。为了控制天车吊作业风险，制定了“吊运通道无人起吊，吊运通道有人拒吊”的保命条款，并研究实施了天车运行区域红区管控+天车吊作业保命条款的安全管控模式（见图3-31）。

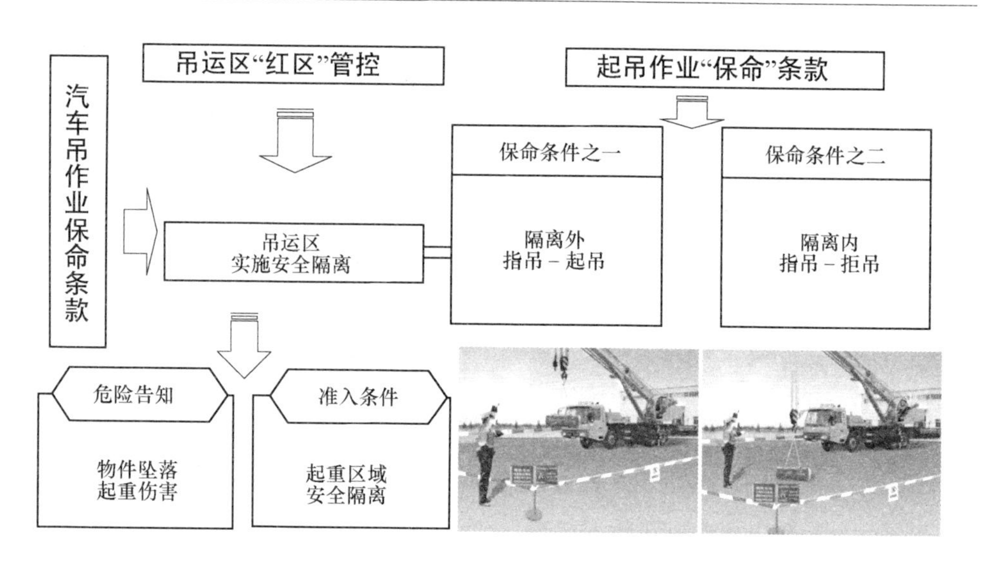

图 3-30　汽车吊作业保命条款

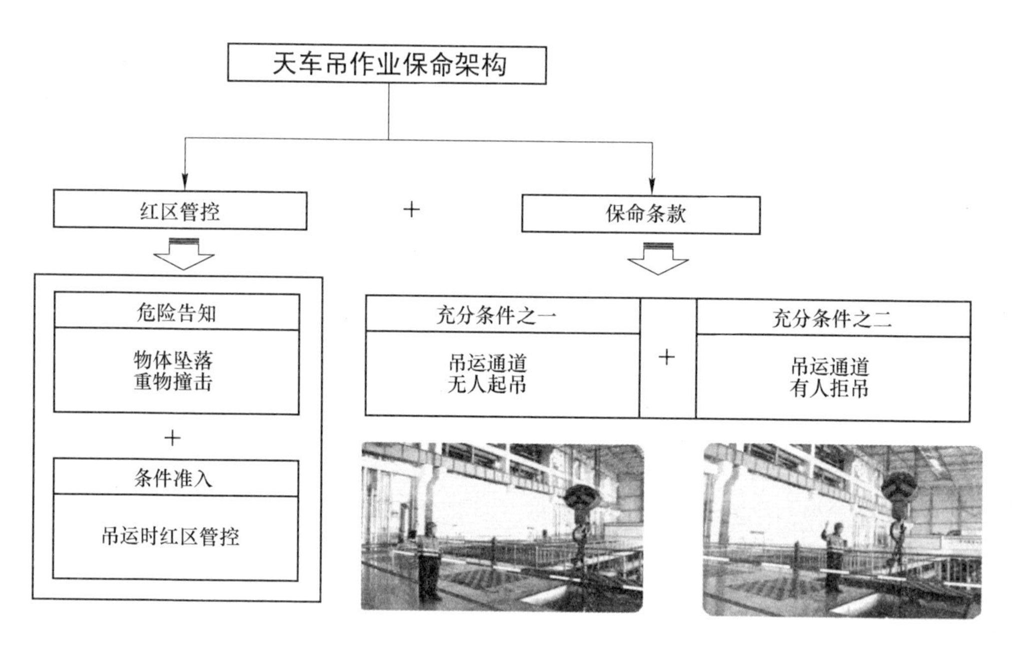

图 3-31　天车吊作业保命架构

3.6.3　龙门吊作业保命条款

龙门起重机是水平桥架设置在两条支腿上构成门架形状的一种桥架型起重

机。这种起重机在地面轨道上运行，主要用在露天贮料场、电站和铁路货站等地进行搬运或安装作业。龙门吊作业存在所吊重物捆扎不牢固脱钩散落提升或降下重物速度急剧变化重物摆动、限载限位等安全装置失效、空车走行或回转吊钩要距离地面小于2m、钢丝绳严重磨损出现断股等风险。根据龙门吊致命伤害路径，研究实施了龙门吊运行区红区管控+龙门吊作业保命条款的安全管控模式管控龙门吊作业安全（见图3-32）。

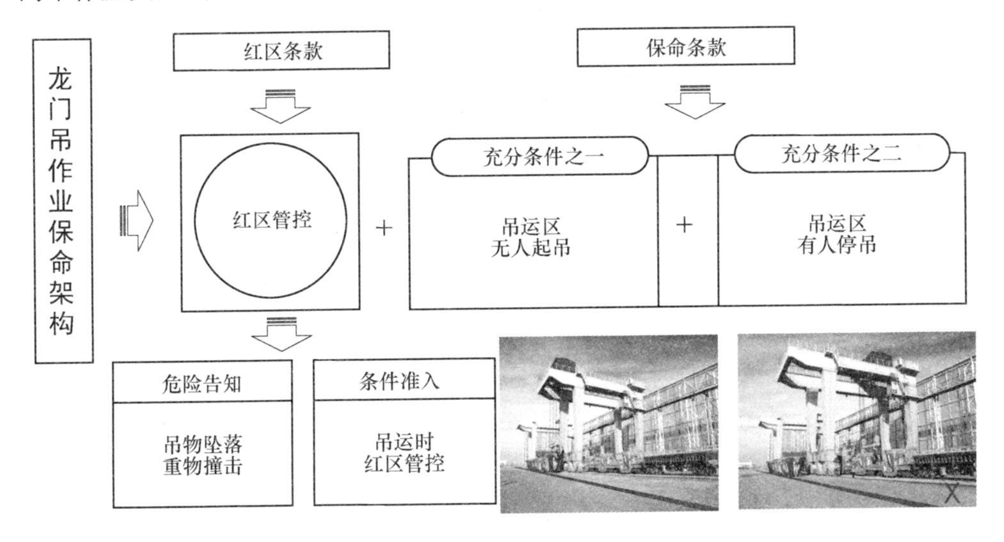

图3-32 龙门吊作业保命架构

3.6.4 塔式吊人-吊交叉作业保命条款

塔式起重作业属于固定式起重作业。塔式吊作业过程中存在与其下方作业人员交叉的作业，有吊装物散落伤人、吊装物脱钩和摆动伤人、安全装置失效伤人等风险，为实现塔式吊人机交叉作业安全，研究实施了“吊物下无人起吊，吊物下有人拒吊”的人机交叉作业保命条款管控塔式吊人车交叉作业安全（见图3-33）。

3.6.5 电葫芦作业保命条款

电葫芦吊运过程存在四类风险，即脱离轨道高处坠落、吊装物脱钩散落、吊钩裂纹或钢丝绳断裂高处坠物、机械伤害等风险。为控制作业风险，实现电葫芦作业安全，根据此类作业的事故案例及风险因素，研究实施了“吊物下无人起

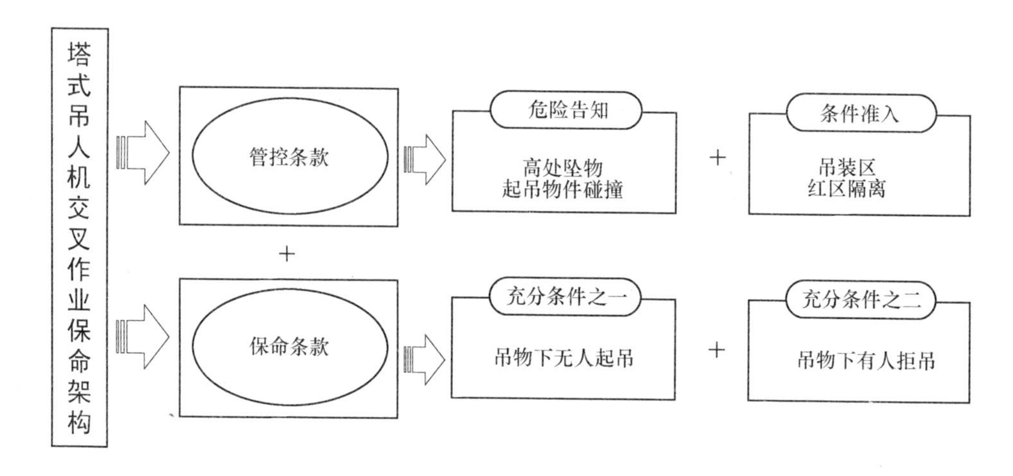

图 3-33　塔式吊人机交叉作业保命架构

吊，吊物下有人拒吊”的电葫芦作业保命条款（见图 3-34）。

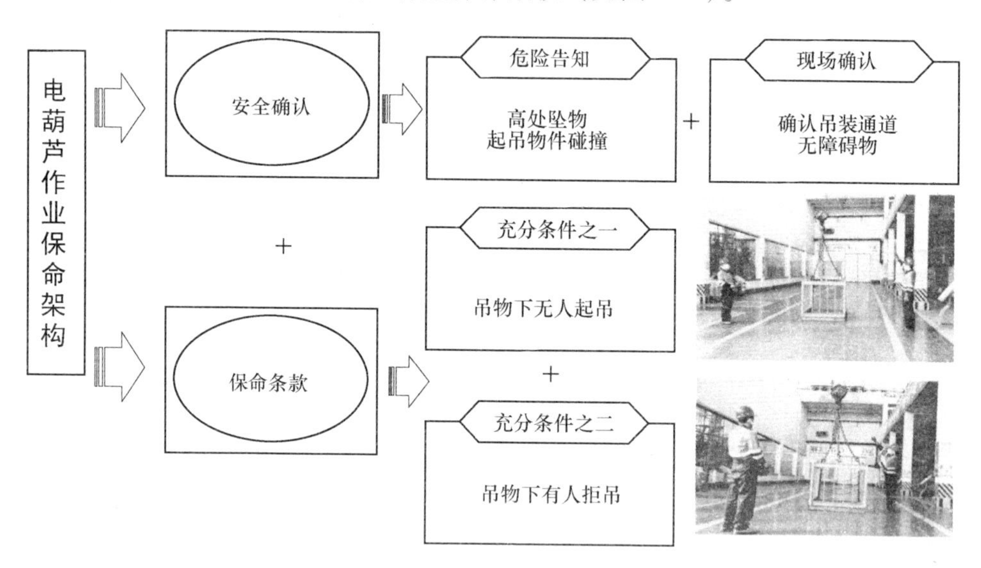

图 3-34　电葫芦作业保命架构

3.6.6　起重扶位作业保命条款

起重扶位是实现物件平稳起吊、平稳落地、精准安装、精准拆卸、定位翻转的一个作业环节。扶位作业存在起重物件脱钩、散落、摆动、倾翻等安全风险。起重物件起吊高度在腰部以下，不会造成致命伤害；起重高度超过腰部时，就有致命伤害的风险，为此，研究实施了“腰部以下扶位，腰部以上禁止扶位”的起重扶位作业保命条款管控起重扶位作业安全（见图 3-35）。

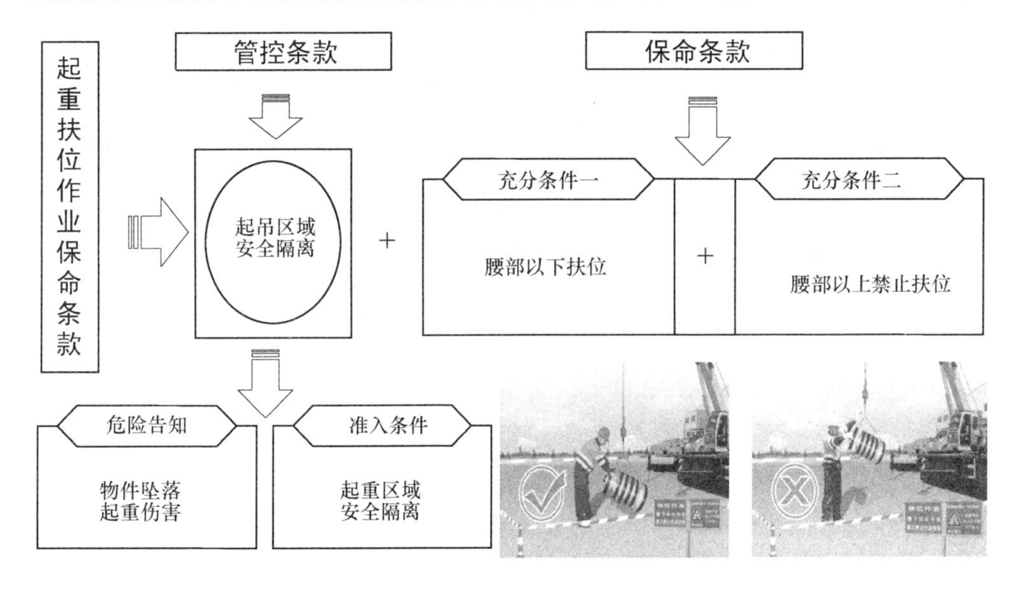

图 3-35　起重扶位作业保命条款

3.7　用检修作业保命条款管控检修作业安全

检修过程存在许多高风险作业，检修作业具有多工种同时作业、多项目交叉作业、立体区域交叉作业、多人在同一区域作业等特点。分析各行业以往发生的检修类事故案例，结合检修作业特点，确定了 6 类检修高风险作业，即起重作业、高处作业、动火作业、有限空间作业、停送电作业、设备检修作业，并研究制定了 6 类检修高风险作业保命条款管控检修作业安全（见图 3-36）。

3.7.1　汽车吊作业保命条款

在各类检修作业过程中，汽车吊使用比较频繁，由于受检修工艺及区域限制，存在许多检修固有风险，有单台车吊和多台车吊，存在起重物散落、脱钩、摇摆、起重臂触及高压放电区、吊车倾翻、吊臂折断等高安全风险，易发生致命伤害事故。根据汽车吊作业致命伤害路径和事故案例，对单台车吊实施了起吊区域安全隔离+保命条款的安全管控模式；对多台车吊实施了吊装区域红区管控+

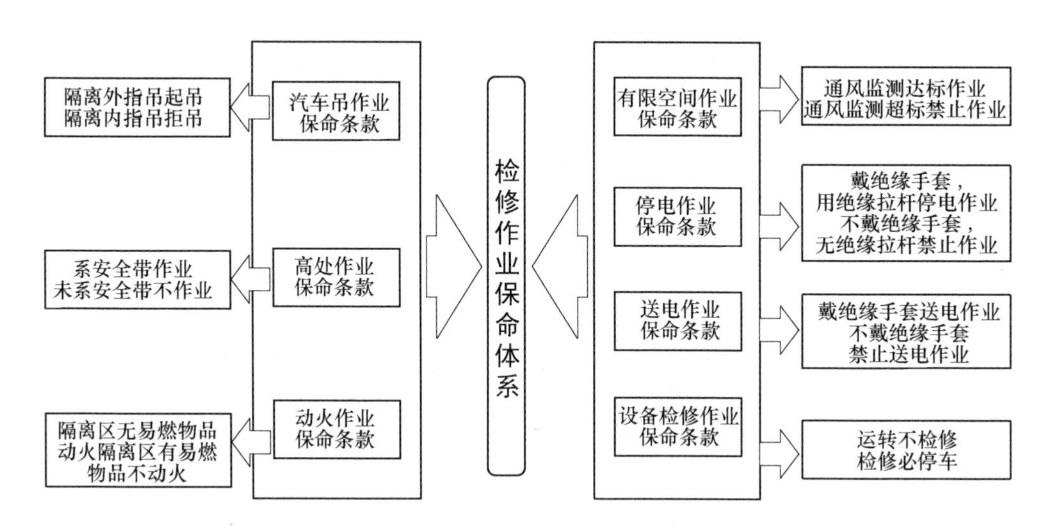

图 3-36　检修作业保命体系

单台车吊区域安全隔离+保命条款的安全管控模式（见图 3-37）。

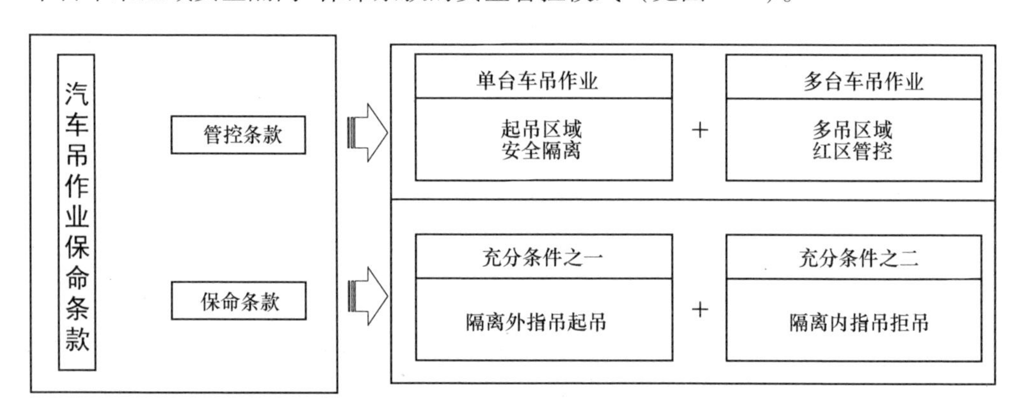

图 3-37　汽车吊作业保命条款

3.7.2　高处作业保命条款

高处作业属于高危险作业，根据作业类别不同，有临边作业、洞口作业、攀登作业、悬空作业、交叉作业等。在检修作业过程中，有高处设备拆卸安装、脚手架搭设拆除、墙体罐体涂装、塔杆柱上作业等均存在高处坠落和物件高处跌落打击伤害风险。根据高处作业分级、分类的风险不同，研究实施了高处作业分级审批许可+高处作业保命条款的安全管控模式（见图 3-38）。

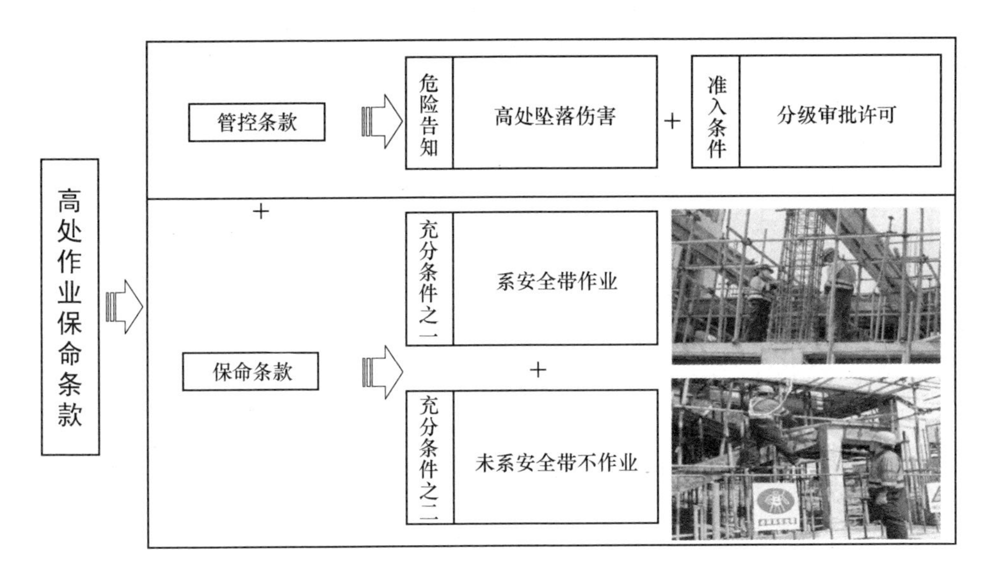

图 3-38　高处作业保命条款

3.7.3　动火作业保命条款

动火作业是指电焊、气割、气焊、切割、打磨等能够产生明火，引发火灾的作业。根据动火区域和风险因素不同，分为矿山井筒动火作业、危化生产储存区动火作业、易燃易爆区动火作业、有限空间动火作业、高处动火作业等。根据动火作业事故案例和切断事故链的原则，研究制定了“隔离区无易燃品动火，隔离区有易燃物品不动火”的保命条款，并实施了动火作业审批许可+动火区域安全隔离+动火作业保命条款的安全管控模式（见图 3-39）。

3.7.4　有限空间作业保命条款

有限空间有冶金炉窑类、塔釜槽罐类、锅炉压力容器类、坑井沟池类、管道烟道类等，有限空间内作业因通风不良，存在缺氧窒息、有毒有害气体中毒、易燃易爆等高安全风险，根据有限空间作业危险有害因素和事故案例分析，制定了“通风监测达标作业，通风监测超标禁止作业”的保命条款，研究实施了有限空间作业审批许可+有限空间作业保命条款+有限空间危险源管控的安全管控模式（见图 3-40）。

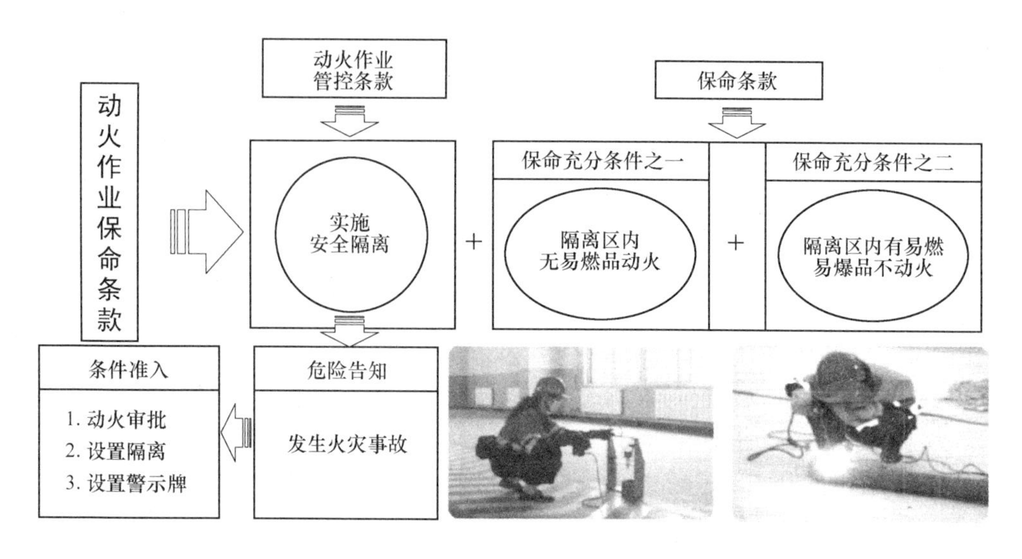

图 3-39　动火作业保命条款

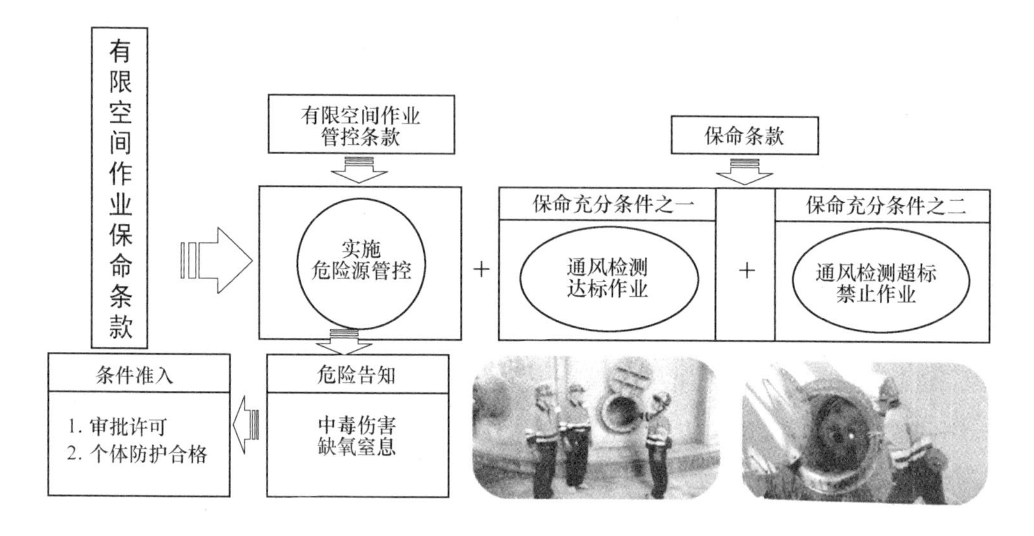

图 3-40　有限空间作业保命条款

3.7.5　停送电作业保命条款

停送电作业有高压停送电作业和低压停送电作业。停送电时存在电压等级不清、所用工具不匹配的风险、不按顺序停送电的风险、动力配电柜带负荷停电拉闸风险、停电后不验电接地的风险等，这些风险都可能发生触电伤害事故。为此，根据海恩里希切断事故链法则和停送电作业事故案例，研究实施了停电作业保命条款和送电作业保命条款管控停送电作业安全（见图3-41）。

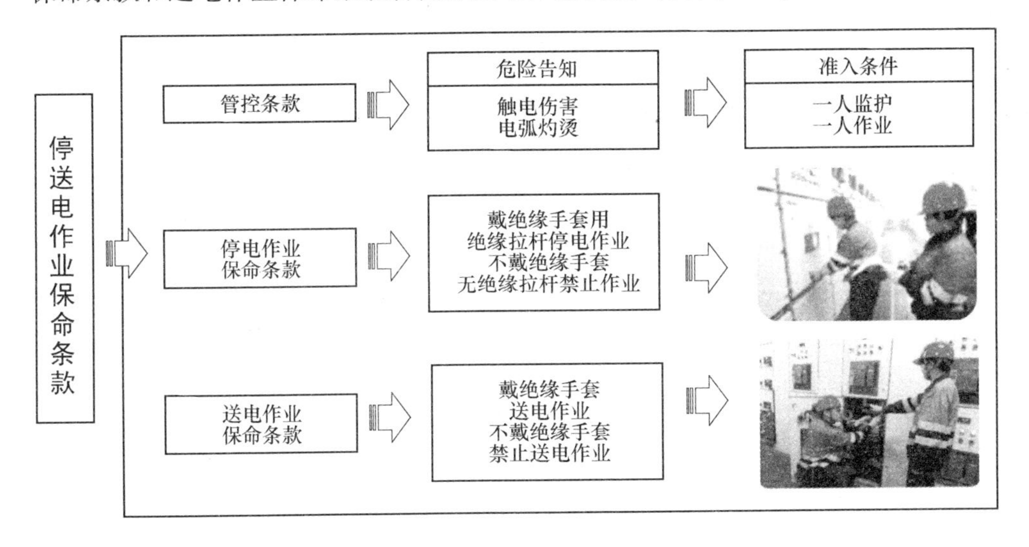

图3-41 停送电作业保命条款

3.7.6 设备检修作业保命条款

设备运转过程中，存在作业人员卷入设备转动部位的机械伤害风险，因此，在设备运转过程中禁止进行检修调整作业。分析行业及本企业以往发生的设备检修事故案例、运转设备固有危险有害因素和致命伤害路径，研究实施了“运转不检修、检修必停车”的保命条款管控设备检修作业安全（见图3-42）。

3.8 用输送皮带作业保命条款管控输送皮带作业安全

按照皮带类作业环节和皮带类作业事故案例，确定了皮带调偏、皮带清扫、皮带检修、杂物分拣四项作业属于高安全风险作业，存在操作人员卷入皮带的机械伤害风险。故研究制定了四项保命条款，实施了皮带区域人机隔离+皮带急停开关控制+皮带作业保命条款的安全管控模式，实现皮带作业安全（见图3-43）。

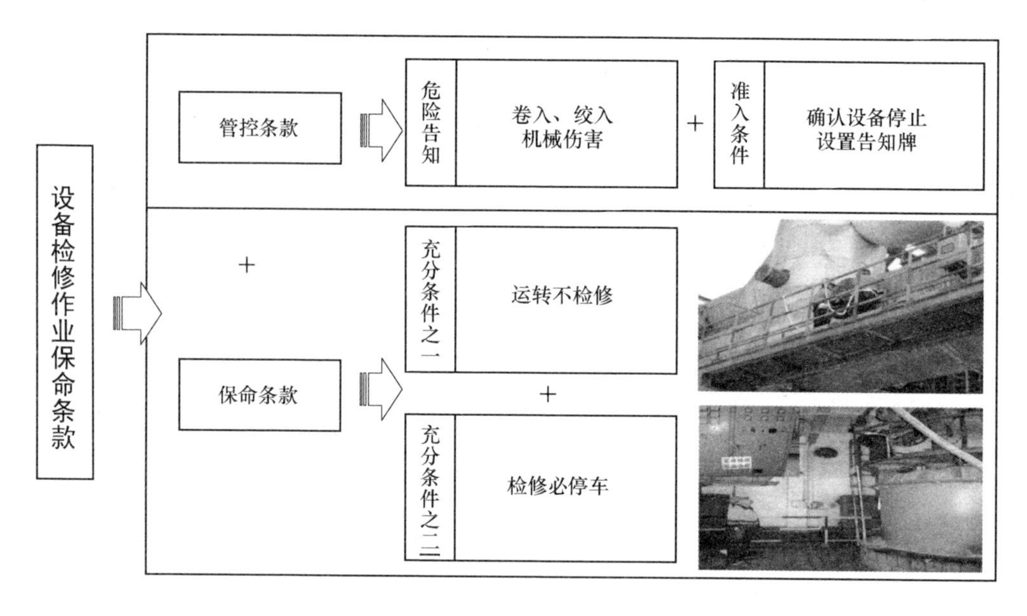

图 3-42　设备检修作业保命条款

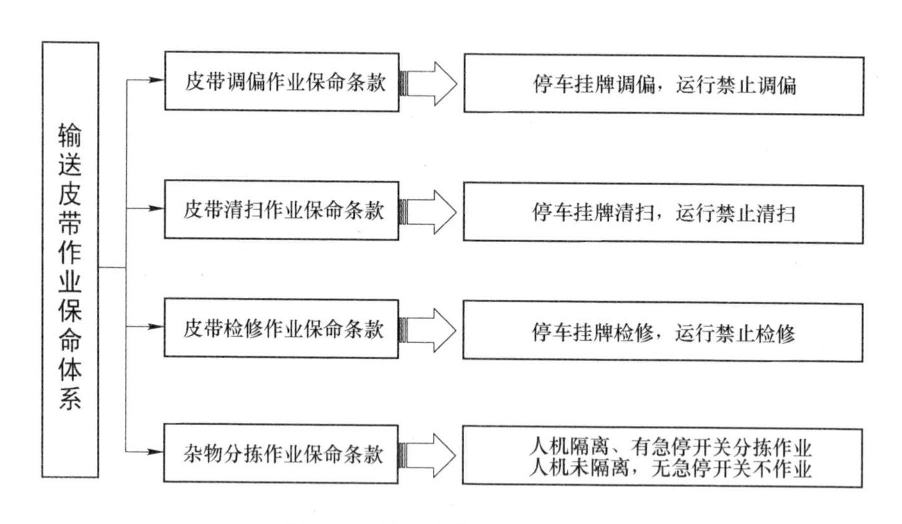

图 3-43　输送皮带作业保命体系

3.8.1　皮带调偏作业保命条款

皮带系统运行中存在皮带跑偏现象，需要人工调整托辊和拉紧丝杆，如果皮带未停止运行，或停车后未进行挂牌，作业人员盲目调整皮带跑偏，存在操作人员卷入皮带造成致命伤害的风险。为控制此类作业风险，研究实施了“停车挂牌调偏，运行禁止调偏”的保命条款管控皮带调偏作业安全（见图3-44）。

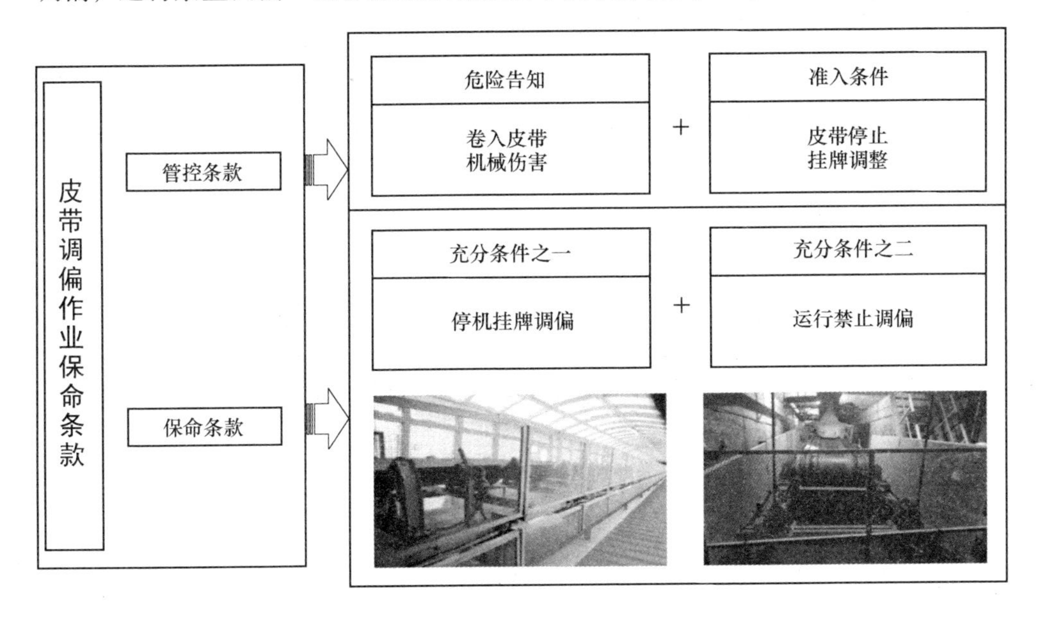

图3-44 皮带调偏作业保命条款

3.8.2 皮带清扫作业保命条款

在皮带运行中清扫皮带区域散落物料或进行保洁作业，存在作业人员卷入运行皮带的致命伤害风险。根据此类作业事故案例和皮带清扫致命伤害路径，制定了“停车挂牌清扫，运行禁止清扫”的保命条款，研究实施了皮带区域人机隔离+皮带紧停开关控制+皮带清扫保命条款的安全管控模式（见图3-45）。

3.8.3 皮带检修作业保命条款

按照皮带检修作业事故案例和危险因素分析，皮带检修时存在未断电检修伤害风险和其他人员误送电造成正在检修的皮带误动作伤人的风险。为控制此类风险，根据海恩里希切断事故链法则，研究实施了“停车挂牌检修，运行禁止检修”的保命条款管控皮带检修作业安全（见图3-46）。

3.8.4 杂物分拣作业保命条款

在皮带运输物料过程中，人工分拣杂物时，存在分拣人员卷入运行皮带的风

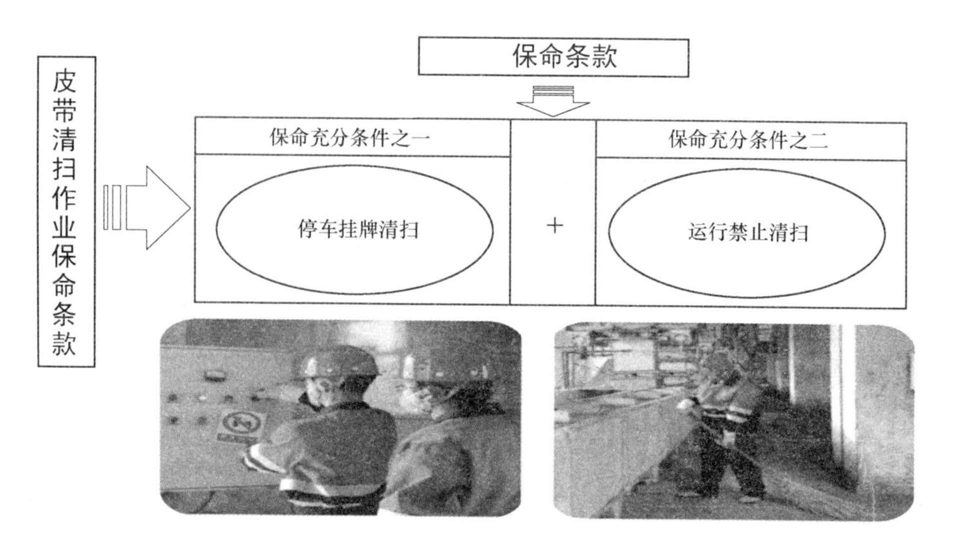

图 3-45　皮带清扫作业保命条款

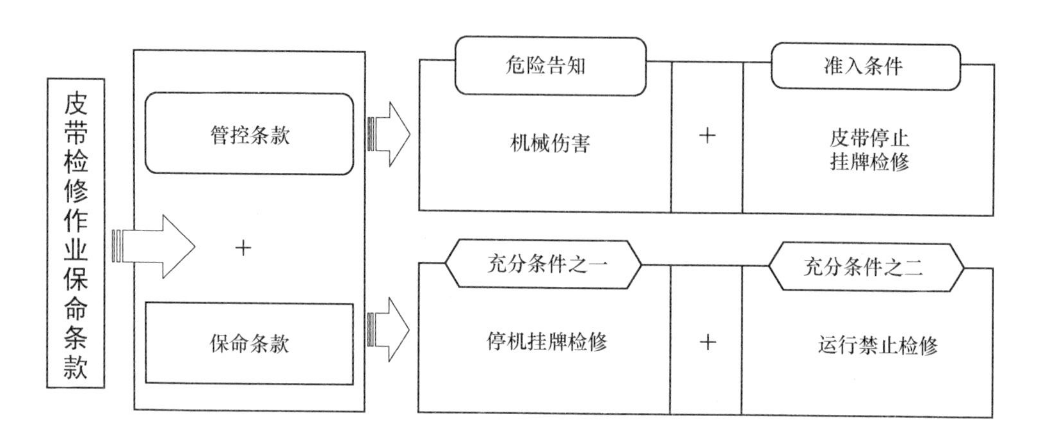

图 3-46　皮带检修作业保命条款

险。为了控制杂物分拣作业风险，对运行皮带区域实施人机隔离，安装皮带紧急停车开关装置，研究实施了皮带区域安全隔离+皮带急停开关控制+杂物分拣作业保命条款的安全管控模式管控杂物分拣作业安全（见图 3-47）。

3.9　用有限空间作业保命条款管控有限空间作业安全

有限空间是指封闭或部分封闭，进出口较为狭窄有限，未被设计为固定工作

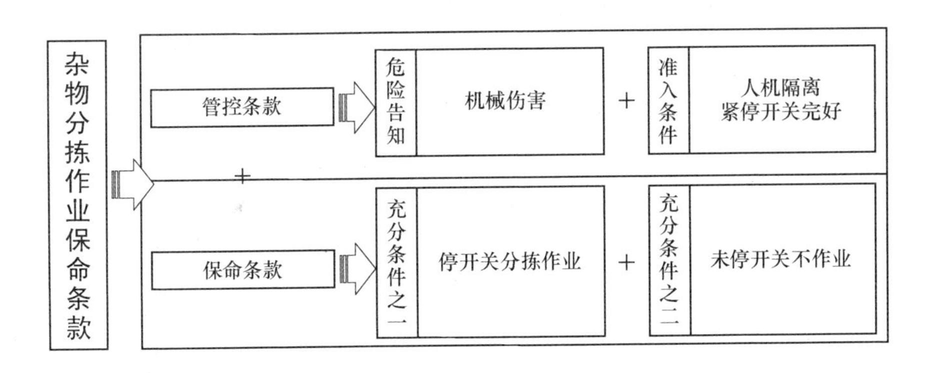

图 3-47 杂物分拣作业保命条款

场所，自然通风不良，易造成有毒有害、易燃易爆物质积聚或氧含量不足的空间。按照原国家安监总局 59 令关于《工贸企业有限空间作业安全管理与监督暂行规定》，并根据有限空间作业事故案例和危险有害因素，辨识出冶金炉窑类有限空间、塔釜槽罐类有限空间、锅炉压力容器类有限空间、坑井沟池类有限空间、管道烟道类有限空间五类有限空间高风险作业，存在中毒、窒息、火灾、爆炸的高安全风险。故研究实施了有限空间作业审批许可+危险区域安全隔离+有限空间作业保命条款+有限空间危险源管控的安全管控模式管控有限空间作业安全（见图 3-48）。

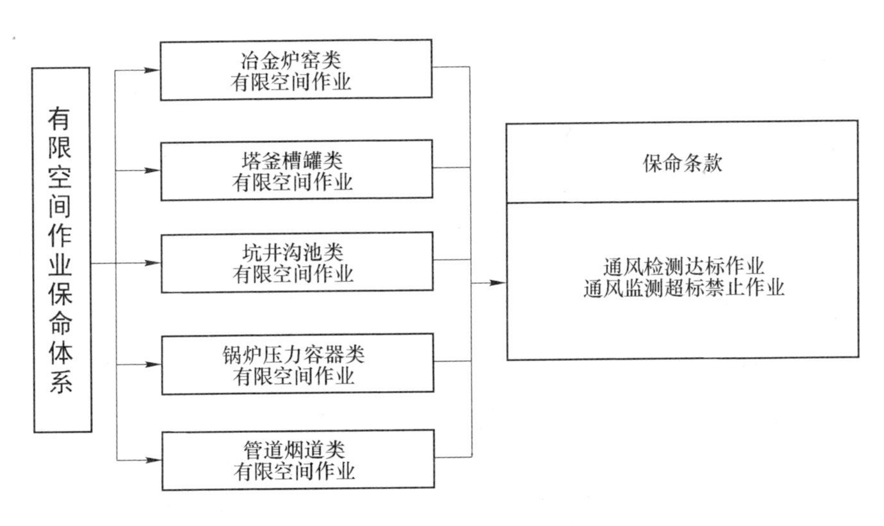

图 3-48 有限空间作业保命体系

3.9.1　冶金炉窑类有限空间作业保命条款

冶金炉窑类有限空间是指闪速炉、顶吹炉、转炉、阳极炉、回转窑等炉窑有限空间，其炉窑检修存在烟气中毒、缺氧窒息和炉窑内拆砌、打磨、动火等作业带来的次生伤害两类风险。根据此类作业的事故案例和风险因素，研究实施了冶金炉窑类有限空间作业审批许可+炉窑高风险区域红区管控+红区危险源管控+有限空间作业保命条款的安全管控模式（见图 3-49）。

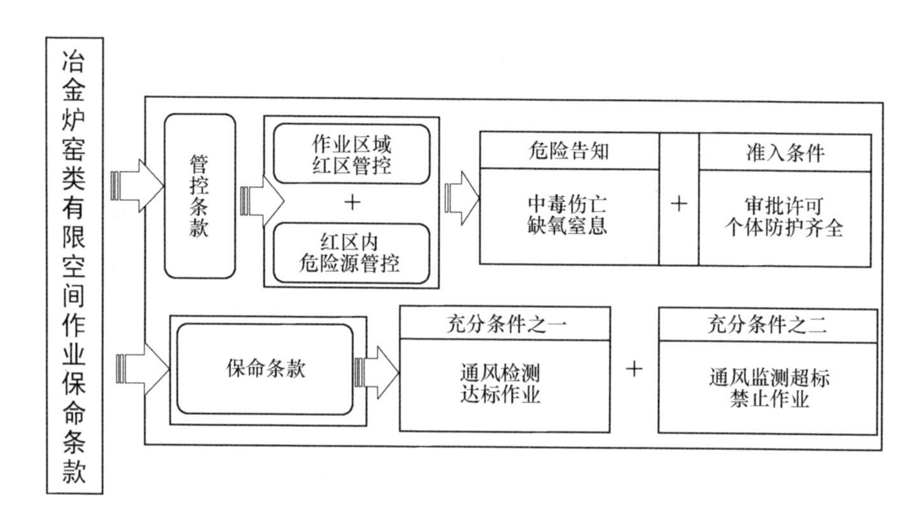

图 3-49　冶金炉窑类有限空间作业保命条款

3.9.2　塔釜槽罐类有限空间作业保命条款

塔釜槽罐类有限空间是指反应塔、氯气浸出釜、酸碱贮罐、燃油罐等有限空间，此类有限空间存在硫化氢气体、氯气、二氧化硫气体、有机气体等气体中毒、酸碱伤害和火灾等安全风险。为了控制高安全风险，杜绝伤害事故，研究实施了塔釜槽罐类有限空间作业审批许可+危险源管控+安全隔离+有限空间作业保命条款安全管控模式（见图 3-50）。

3.9.3　坑井沟池类有限空间作业保命条款

坑井沟池类有限空间是指地坑、地井、地窖、暗沟、隧道、涵洞、下水道等有限空间，此类有限空间主要存在作业人员中毒和缺氧窒息的安全风险，作业人

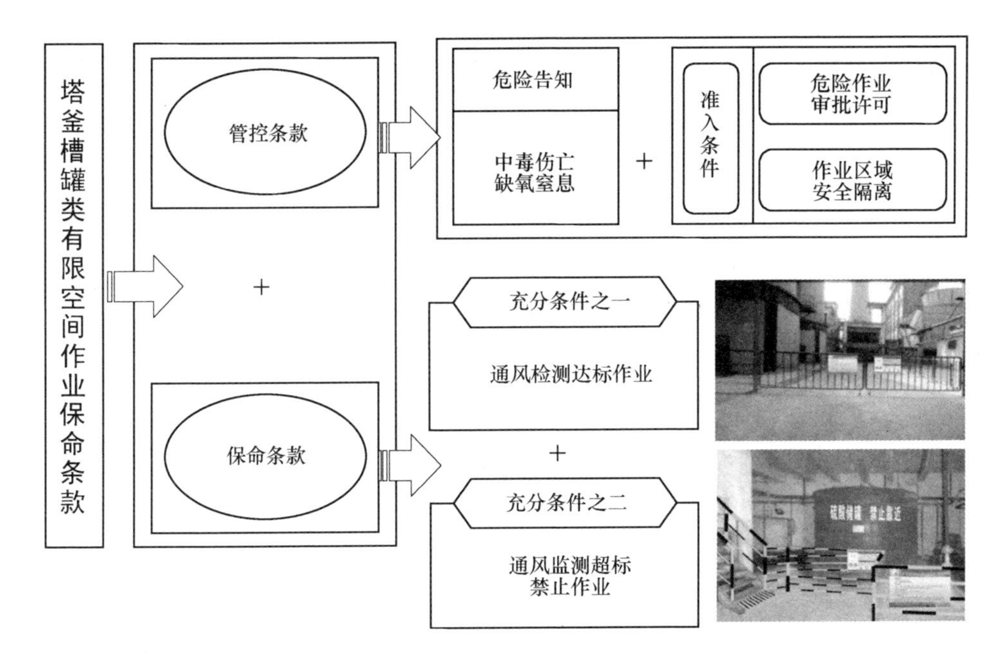

图 3-50 塔釜槽罐类有限空间作业保命条款

员盲目进入可能造成伤亡。根据伤害因素，研究制定了坑井沟池类有限空间作业审批许可+危险源管控+安全隔离+有限空间作业保命条款安全管控模式（见图 3-51）。

3.9.4 锅炉压力容器类有限空间作业保命条款

锅炉压力容器类有限空间是指热水锅炉、蒸汽锅炉、余热锅炉、加压釜、气体贮罐等有限空间，此类有限空间存在作业人员中毒和缺氧窒息的安全风险。故研究实施了锅炉压力容器类有限空间作业审批许可+危险源管控+安全隔离+有限空间作业保命条款的安全管控模式（见图 3-52）。

3.9.5 管道烟道类有限空间作业保命条款

管道烟道类有限空间是指各类大直径介质输送管道、烟道、烟囱等有限空间，在有限空间存在作业人员中毒和缺氧窒息的风险。故研究实施了管道烟道类有限空间作业审批许可+危险源管控+安全隔离+有限空间作业保命条款的安全管控模式（见图 3-53）。

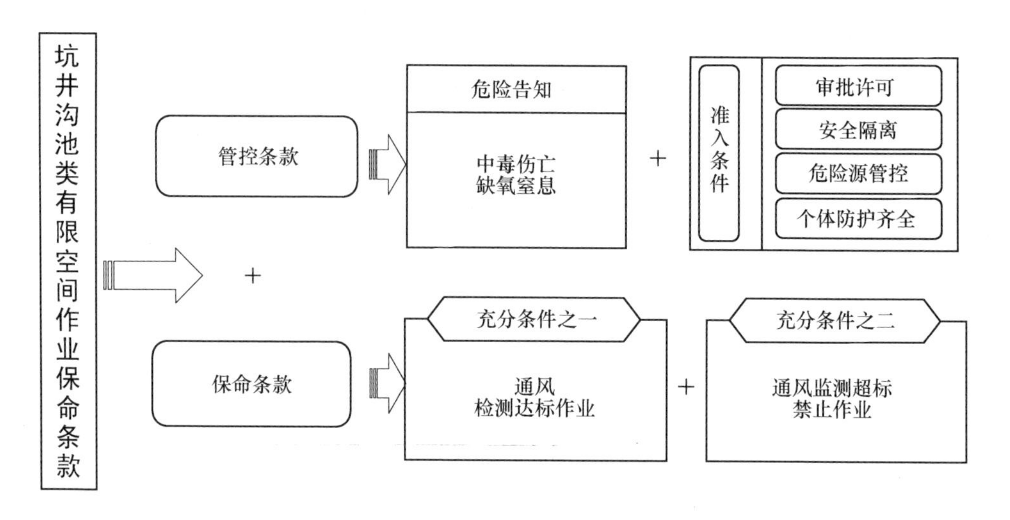

图 3-51　坑井沟池类有限空间作业保命条款

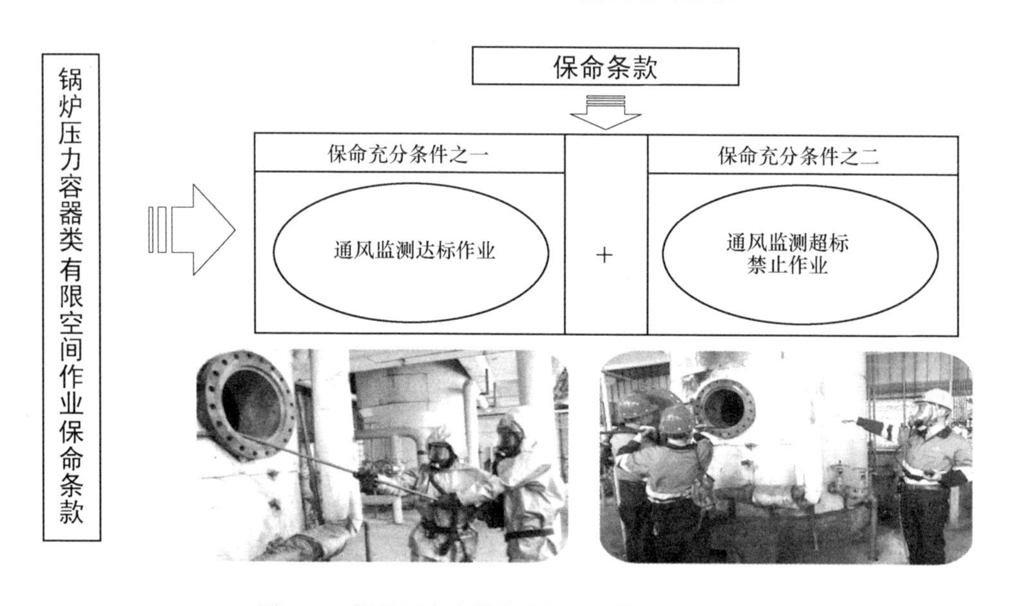

图 3-52　锅炉压力容器类有限空间作业保命条款

3.10　用动火作业保命条款管控动火作业安全

动火作业属于高风险作业，根据电焊、气焊、切割、打磨等可能引起明火的动火作业特点及动火作业事故案例统计，研究确定了五类高风险区域动火作业，

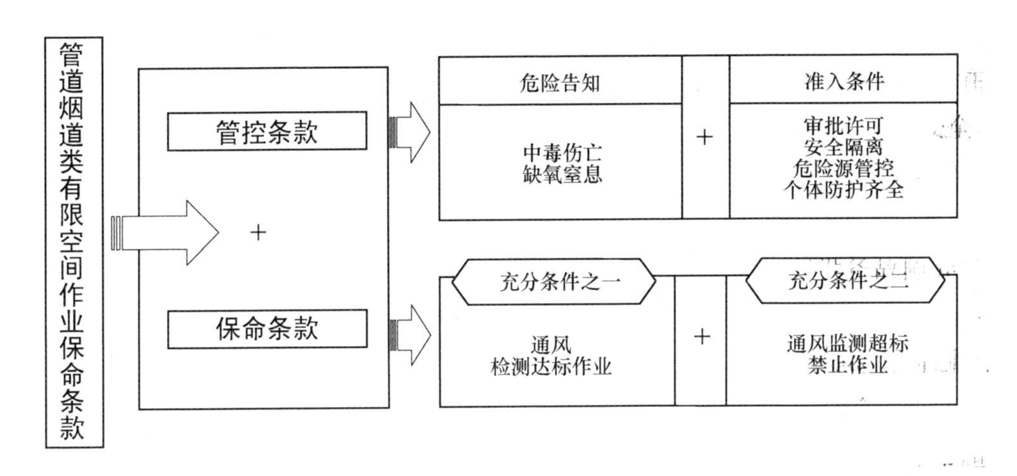

图 3-53 管道烟道类有限空间作业保命条款

即矿山井筒动火作业、危化生产储存区动火作业、易燃易爆区动火作业、有限空间动火作业、高处动火作业。为了消除动火作业火灾风险，根据动火作业区域、危险等级，实施分级动火审批，对特别危险区域、防火重点部位或发生火灾爆炸后会影响全局和造成重大经济损失的场所进行明火作业实施一级动火审批；对危险性较大的场所或与一级动火区域相邻的部位，可能引起燃烧并扩大成灾的场所进行明火作业实施二级动火审批；对危险性不大的场所的临时动火实施三级动火审批，故研究实施了动火作业分级审批许可+动火区域安全隔离+动火作业保命条款的安全管控模式（见图 3-54）。

3.10.1 矿山井筒动火作业保命条款

矿山井筒动火作业属于高风险作业，按照井筒火灾事故案例，井筒火灾事故大都是动火前未清理井筒内易燃易爆物品或动火时未采取防火管控措施造成的。为了控制井筒动火风险，制定了“井筒易燃易爆物品清除动火，易燃易爆物品未清除不动火”的保命条款，研究实施了动火作业审批许可+动火作业保命条款的安全管控模式（见图 3-55）。

3.10.2 危化生产储存区动火作业保命条款

危化生产储存区动火属于高危险作业，存在火灾、爆炸及中毒窒息风险。为了控制动火风险，根据危化生产储存区危险有害因素和事故案例统计，对危化生

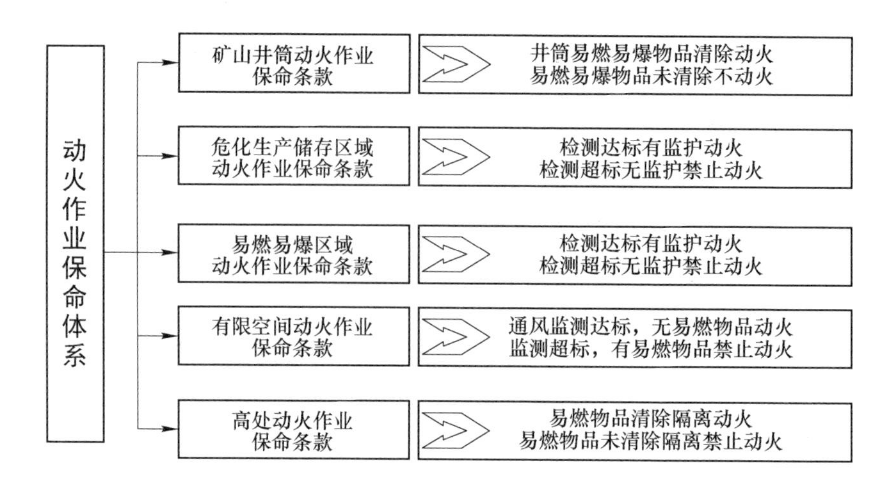

图 3-54 动火作业保命体系

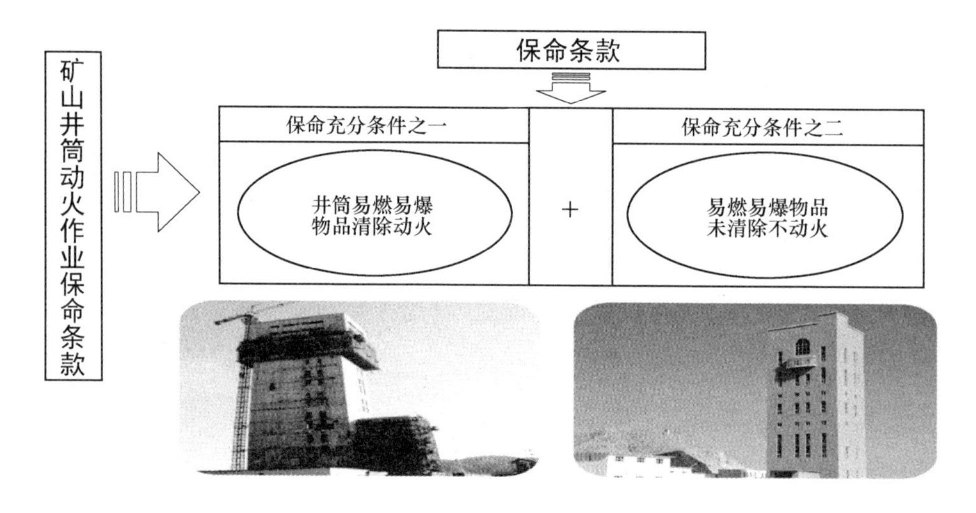

图 3-55 矿业井筒动火作业保命条款

产储存区实施了危险告知、条件准入的红区管控；对红区危险源实施了 DCS 控制、监测报警及应急处置装置管控；对危险源作业实施了保命条款管控；对危化生产储存区动火作业研究实施了动火作业审批许可+动火区域安全隔离+动火作业保命条款的安全管控模式（见图 3-56）。

3.10.3 易燃易爆区域动火作业保命条款

动火作业属于高危险作业，按照易燃易爆区域危险源、危险有害因素及事故

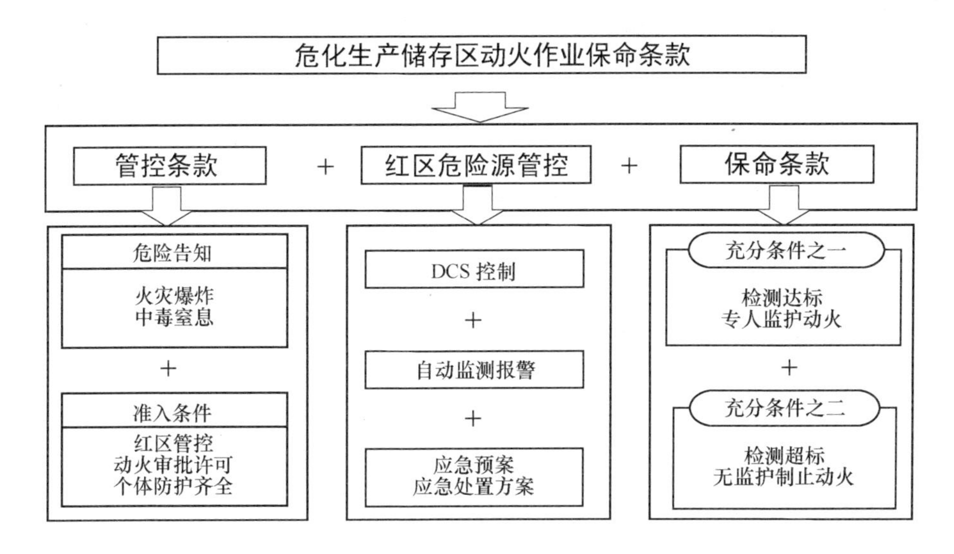

图 3-56 危化生产储存区动火作业保命条款

案例分析，动火作业存在火灾、爆炸及中毒窒息等高安全风险。根据易燃易爆区域安全距离要求，对动火区域实施安全隔离管控，对动火区域的易燃易爆气体进行浓度达标监测，并研究制定了“检测达标有监护动火，检测超标无监护禁止动火”的保命条款，即研究实施了动火作业审批许可+动火区域安全隔离+动火作业保命条款的安全管控模式（见图 3-57）。

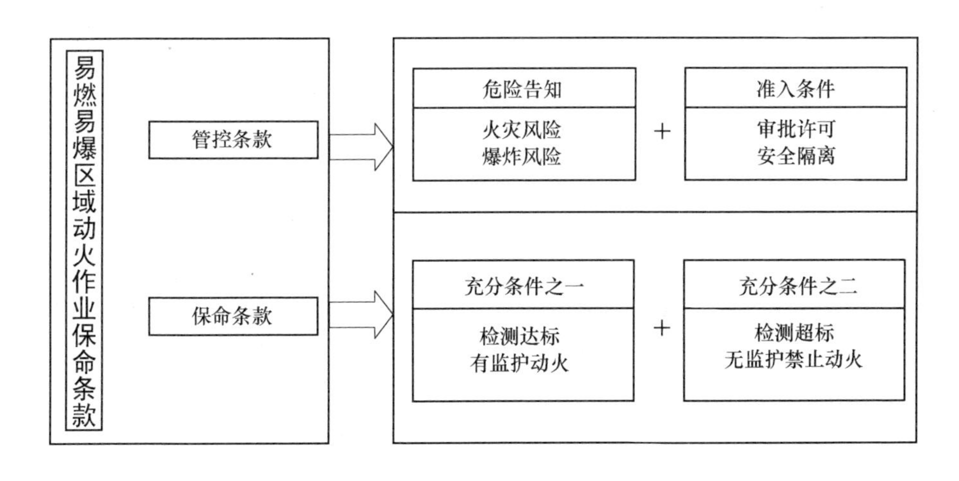

图 3-57 易燃易爆区域动火作业保命条款

3.10.4 有限空间动火作业保命条款

在有限空间动火既有缺氧窒息和中毒的风险，又有引发火灾、爆炸的风险。对缺氧窒息和中毒的风险用有限空间作业保命条款管控；对动火作业引发火灾、爆炸的风险研究制定了动火作业保命条款。因此，对有限空间动火作业风险研究实施了作业审批许可+动火区域安全隔离+有限空间动火作业保命条款+有限空间危险源管控的安全管控模式（见图 3-58）。

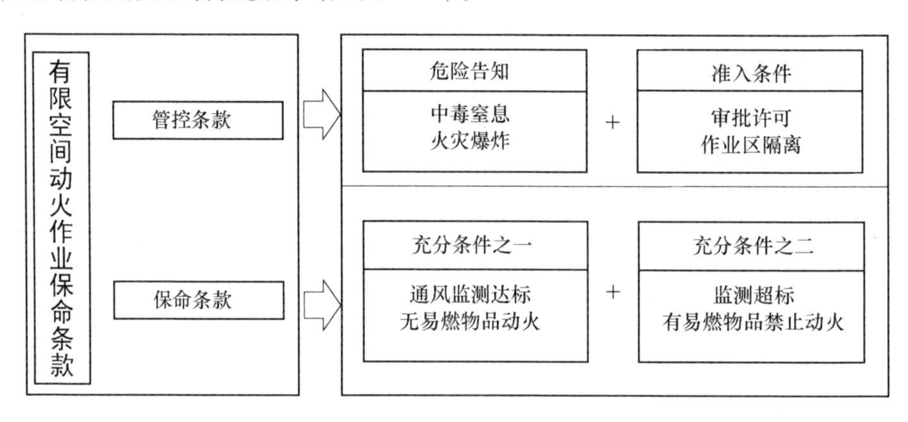

图 3-58 有限空间动火作业保命条款

3.10.5 高处动火作业保命条款

高处动火作业存在三类风险：（1）作业人员高处坠落伤害的风险；（2）动火作业产生明火、高温热渣坠落，造成其下方易燃物燃烧着火，引发火灾的风险；（3）高处动火作业，物件和工具坠落对他人造成打击伤害风险。为此，研究制定了高处动火作业配套管控措施，研究实施了高处动火作业分级审批许可+高处作业保命条款的安全管控模式，管控高处坠落风险；研究实施了动火作业审批许可+动火区域安全隔离+动火作业保命条款安全管控模式，管控动火作业安全；用高处动火区域安全隔离措施，防止对他人造成物体打击伤害（见图 3-59）。

3.11 用高处作业保命条款管控高处作业安全

高处作业是指操作者在坠落高度基准面 2 米以上（含 2 米）有可能坠落的高

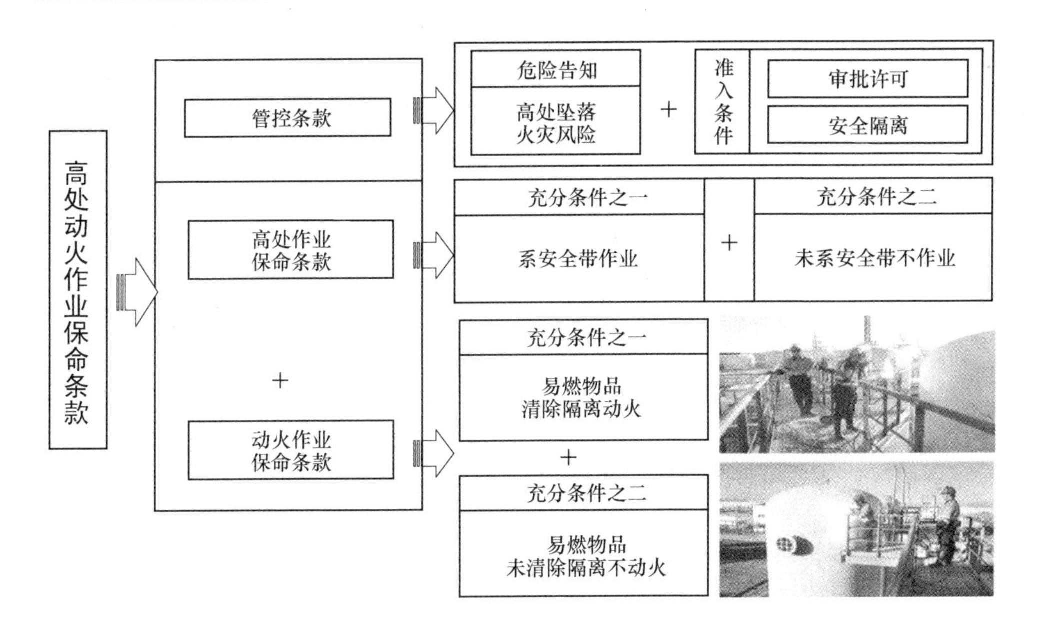

图 3-59　高处动火作业保命条款

处进行的作业，按作业高度分为四级，即 2~5m 为一级高处作业，5~15m 为二级高处作业，15~30m 为三级高处作业，30m 以上为特级高处作业。高处作业的类型，一般有临边类作业、洞口类作业、攀登类作业、悬空类作业、交叉类作业等，其风险主要是高处坠落和物体打击。为此，根据高处作业事故案例和高处作业特点，研究实施了高处作业分级审批许可+高处作业保命条款的安全管控模式（见图 3-60）。

3.12　用冶金炉窑作业保命条款管控冶金炉窑作业安全

按照冶炼工艺技术特点、事故案例和高风险作业界定原则，确定了高温熔体浇铸、冶金炉窑加料等高风险作业环节，存在喷炉、熔体飞溅等致命伤害风险。为控制冶金炉窑作业高风险，根据炉窑类作业特征和危险有害因素，研究实施了高风险冶金炉窑区域红区管控+红区危险源管控+高风险作业保命条款的安全管控模式（见图 3-61）。

3.12.1　高温熔体浇铸作业保命条款

高温熔体浇铸过程中，包模潮湿或有水，存在高温熔体喷溅、熔体遇水放炮

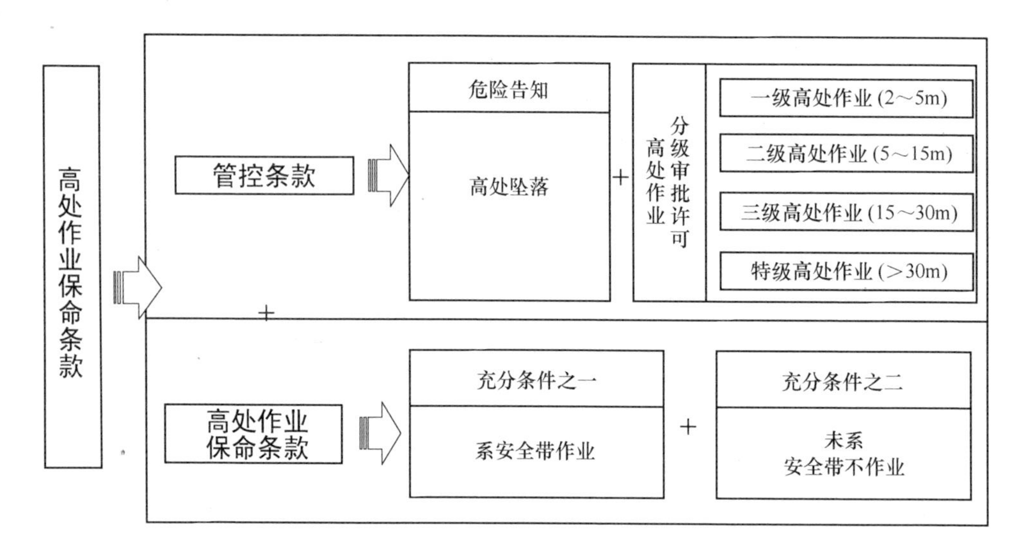

图 3-60　高处作业保命条款

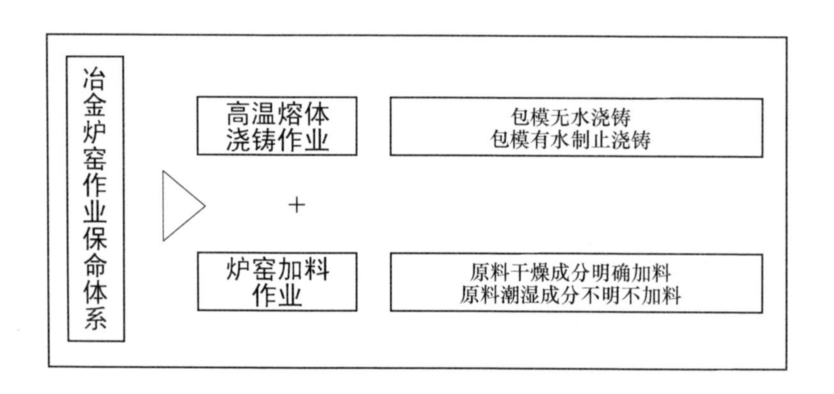

图 3-61　冶金炉窑作业保命体系

甚至爆炸的高安全风险，属于高危险作业。为了控制风险，对高温熔体浇铸区域实施了危险告知、条件准入的红区管控；对熔体浇铸作业制定了“包模无水浇铸，包模有水制止浇铸”保命条款。即研究实施了高温熔体浇铸区域红区管控+浇铸作业保命条款的安全管控模式（见图 3-62）。

3.12.2　炉窑加料作业保命条款

冶金炉窑加料作业过程中，原料潮湿或成分不明加料，有喷炉伤害风险。为

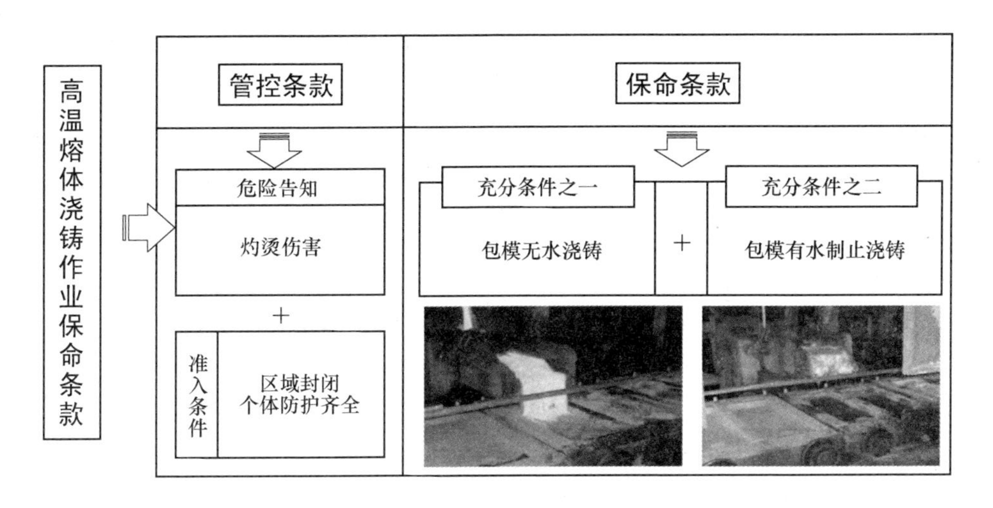

图 3-62　高温熔体浇铸作业保命条款

控制喷炉风险，实现炉窑加料作业安全，根据炉窑加料环节特点及事故案例，对炉窑加料区域实施了危险告知、条件准入的红区管控；对炉窑红区危险源实施了联锁闭锁、自动监测报警、故障或误操作切断技术措施；对炉窑加料作业研究制定了“原料干燥成分明确加料，原料潮湿成分不明不加料”的保命条款。即炉窑区域红区管控+红区危险源管控+炉窑加料作业保命条款的安全管控模式（见图 3-63）。

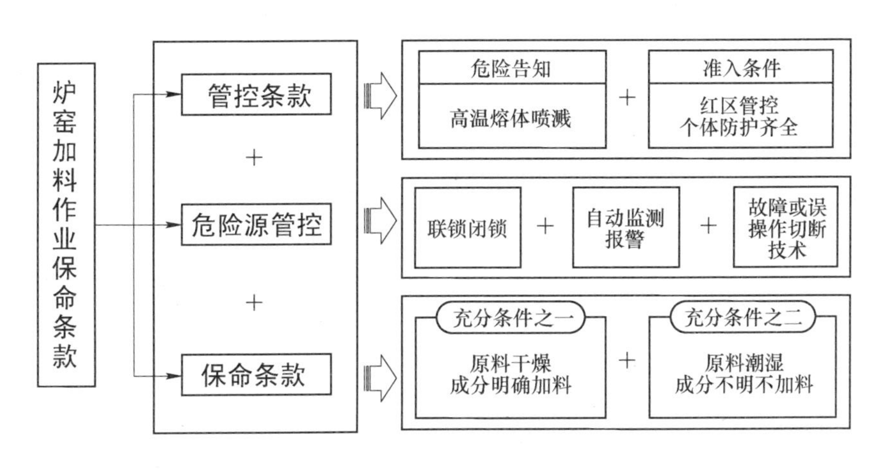

图 3-63　炉窑加料作业保命条款

3.13　用有毒有害岗位作业保命条款管控有毒有害岗位安全

按照行业及本企业历年来发生的有毒有害作业事故案例和危险有害因素，辨识出液氯充装、二氧化硫充装、羰基铁合成釜卸渣、氯化氢合成炉点火等高安全风险作业，其主要风险是：有毒有害气体泄漏，造成作业人员和周围人员中毒窒息伤亡。按照有毒有害岗位类型和伤害路径，研究制定了四项高风险作业保命条款，实施了有毒有害区域红区管控+红区危险源管控+有毒有害岗位作业保命条款的安全管控模式，实现有毒有害岗位作业安全（见图 3-64）。

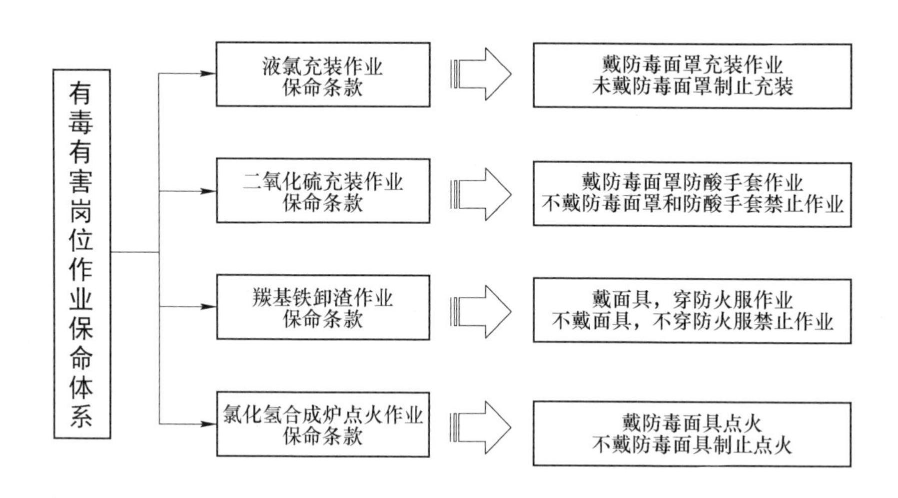

图 3-64　有毒有害岗位作业保命体系

3.13.1　液氯充装作业保命条款

液氯充装作业属于高风险作业，存在氯气泄露，造成作业人员中毒窒息伤害的风险，所以，对液氯充装区域实施了红区危险告知、条件准入的红区管控措施。根据液氯充装作业事故案例和危险有害因素，制定了“戴防毒面罩充装作业，未戴防毒面罩制止充装”的保命条款，研究实施了液氯充装区域红区管控+红区危险源管控+液氯充装作业保命条款的安全管控模式；对红区内液氯危险源研究实施了自动监测报警、应急切断保护等管控措施（见图 3-65）。

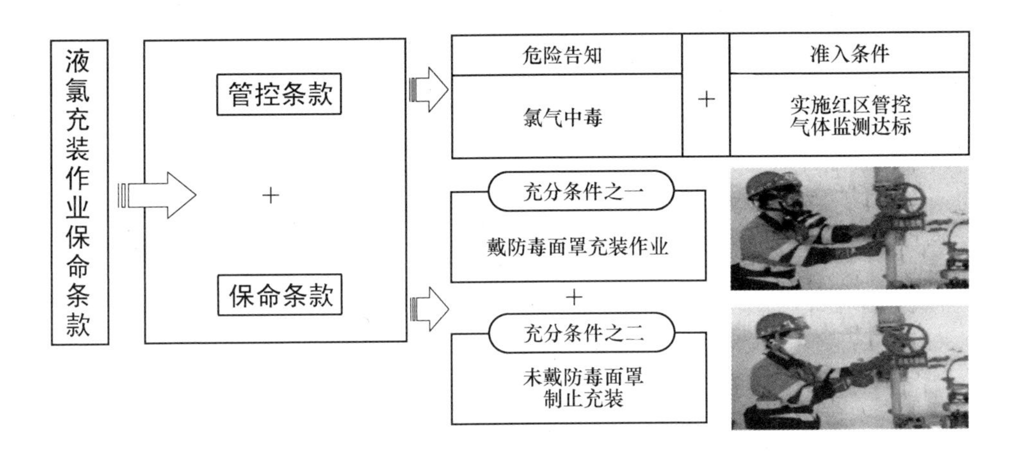

图 3-65　液氯充装作业保命条款

3.13.2　二氧化硫充装作业保命条款

二氧化硫充装区域存在气体泄漏的危险源，一旦二氧化硫气体泄漏浓度超标，就会造成人员伤亡。为此，研究实施了二氧化硫气体充装区域红区管控+红区危险源管控+充装作业保命条款的安全管控模式，用二氧化硫充装作业保命条款管控气体泄漏浓度超标的风险；用红区管控措施防止其他人误入充装区，同时对红区内二氧化硫危险源实施自动监测报警管控（见图 3-66）。

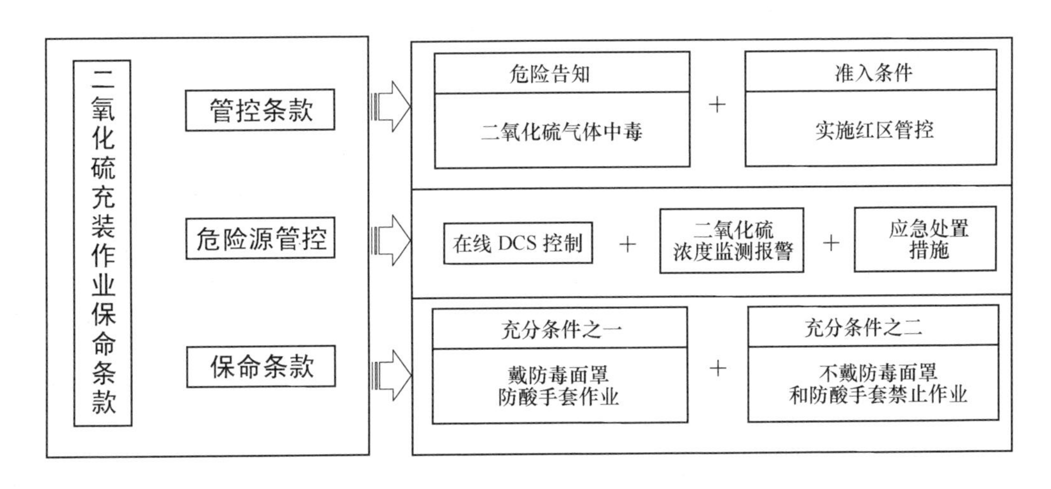

图 3-66　二氧化硫充装作业保命条款

3. 13. 3　羰基铁卸渣作业保命条款

羰基铁卸渣作业过程，若违规带压操作，会有羰基铁粉喷出，发生燃烧灼伤和羰基铁粉中毒现象。根据这一情况，对羰基铁粉卸渣作业区实施危险告知、条件准入的红区管控；对防止卸渣带压操作，研究实施了防误操作（即防带压操作）联锁闭锁控制保障措施；对卸渣作业研究实施了卸渣作业保命条款，实现卸渣作业长周期作业安全。即实施了卸渣作业区红区管控+红区危险源管控+卸渣作业保命条款的管控模式（见图 3-67）。

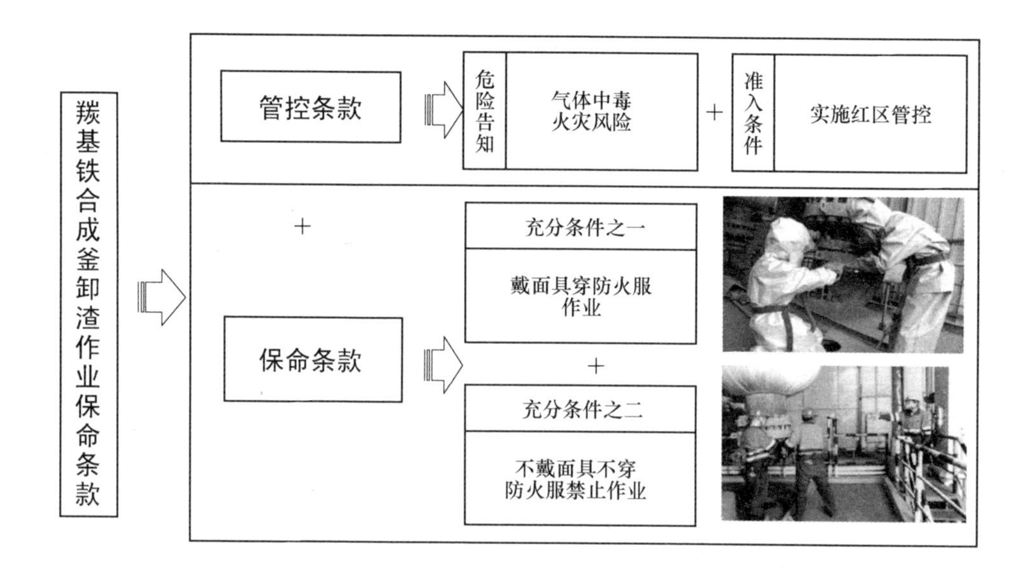

图 3-67　羰基铁合成釜卸渣作业保命条款

3. 13. 4　氯化氢合成炉点火作业保命条款

按照氯化氢合成炉制取盐酸的工艺技术特点，氯气和氢气的压力、浓度不达标，合成炉点火时存在爆炸和有毒有害气体泄漏的风险，会造成人员伤亡，其中，爆炸的风险通过气体压力、浓度工艺变量“安全三区”在线监控得到了控制。对中毒窒息的风险，根据氯化氢合成炉制取盐酸工艺危险有害因素及伤害路径，制定了“戴防毒面具点火，不戴防毒面具制止点火”的保命条款，用氯化氢合成炉点火作业保命条款管控点火作业安全（见图 3-68）。

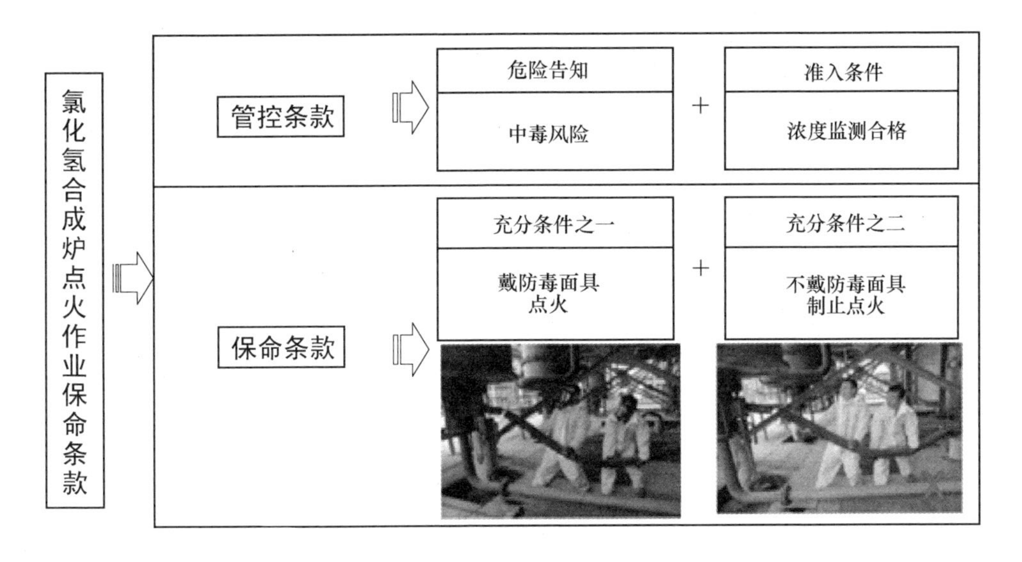

图 3-68 氯化氢合成炉点火作业保命条款

4 用零伤害条款管控非致命性作业安全

4.1 非致命性作业零伤害体系架构概述

为了控制非致命伤害风险，实现零伤害管控目标，金川集团创新安全管理思路，统计分析历年来非致命伤害事故案例，按照非致命伤害作业类型及风险因素，研究建立了非致命性作业零伤害受控体系架构，保障非致命性作业安全。即实现用机械加工类作业零伤害条款管控机械加工作业安全；用涉酸碱作业零伤害条款管控涉酸碱作业安全；用工具类作业零伤害条款管控工具类作业安全；用高温灼烫类作业零伤害条款管控高温灼烫类作业安全等，最终实现零伤害。

4.2 非致命作业界定原则和零伤害条款编制原则

4.2.1 非致命性作业界定原则

非致命性作业界定原则如下：

（1）案例分析统计原则。统计同行业及本企业历年来发生的非致命性伤害事故，从事故案例中确定非致命性伤害作业。

（2）风险辨识原则。按照风险辨识的方法，对工艺系统、设备设施、作业环境实施风险辨识，通过风险辨识，确定可能存在的非致命性伤害作业。

（3）专家诊断原则。组织安全专家对工艺系统、设备设施、作业环境实施专家诊断评估，确定可能存在的非致命伤害作业。

4.2.2 零伤害条款编制原则

零伤害条款编制原则如下：

（1）遵循充分条件的原则，按照“只要……就……”的逻辑关系研究制定零伤害条款。

（2）遵循切断事故链、防止事故发生的原则研究制定零伤害条款。

（3）遵循每个条款不超过两条，超过两条就分开的原则研究制定零伤害条款。

（4）遵循零伤害条款必须是保证不受伤害的原则研究制定零伤害条款。

（5）遵循先进科学、有效的原则研究制定零伤害条款。

4.3 非致命性作业零伤害受控体系架构

为了控制非致命作业伤害风险，根据作业类型和危险有害因素特点，研究建立了机械加工类作业零伤害体系架构、涉酸碱类作业零伤害体系架构、工具类作业零伤害体系架构、高温灼烫类作业零伤害体系架构等。非致命性作业零伤害受控体系架构如图 4-1 所示。

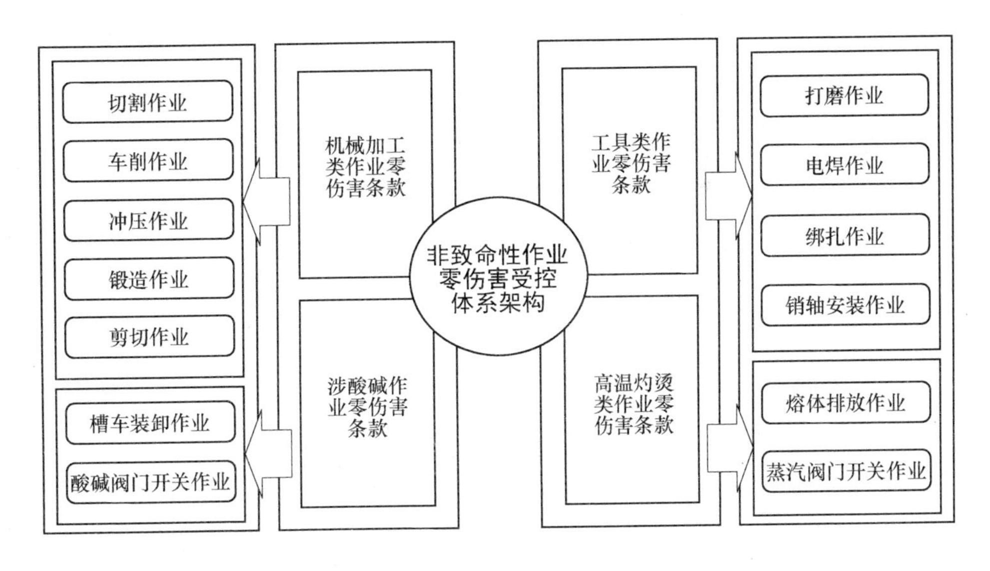

图 4-1 非致命性作业零伤害受控体系架构

4.4　用机械加工类作业零伤害条款管控机械加工作业安全

机械加工作业容易造成机械伤害，机械伤害是指机械设备运动（静止）部件、工具、加工件直接与人体接触，引起的夹击、碰撞、剪切、卷入、绞绕、刺扎等形式的伤害。有机械静止的风险、直线运动风险、旋转运动风险、飞出物打击风险、刀具伤害风险、电击风险等，根据机械加工作业特点和以往发生的机械加工类事故案例，确定切割作业、剪切作业、车削作业、冲压作业、锻造作业五项非致命性作业。针对此类作业存在的挤压、碰撞、冲击、砸伤、割伤的风险因素，研究实施了五项零伤害条款管控机械加工作业安全（见图 4-2）。

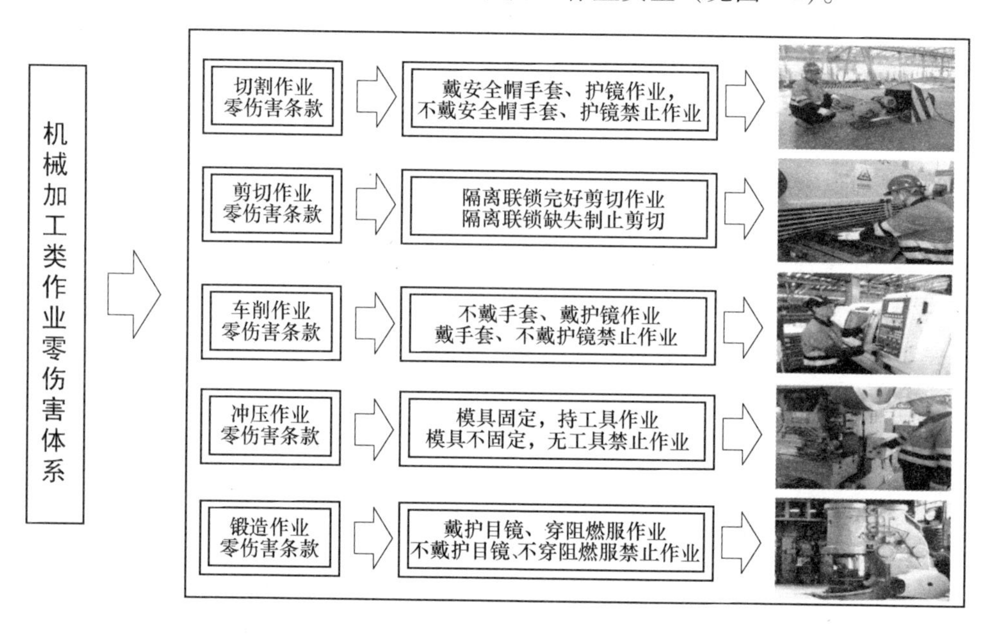

图 4-2　机械加工类作业零伤害体系

4.4.1　切割作业零伤害条款

根据切割作业特点及事故案例统计，造成切割伤害的主要原因是切割片不合格、操作方法不正确（用力过大、过猛）、切割件不稳定、角度不规范等，存在切割片断裂伤人、异型件固定不牢靠伤人、防护罩缺失伤人、操作人员未在切割片侧位作业等风险。为此，根据切割作业伤害的因素和路径，研究实施了“戴安全帽手套、护镜作业，不戴安全帽手套、护镜禁止作业”的切割作业零伤害条款管控切割作业安全（见图4-3）。

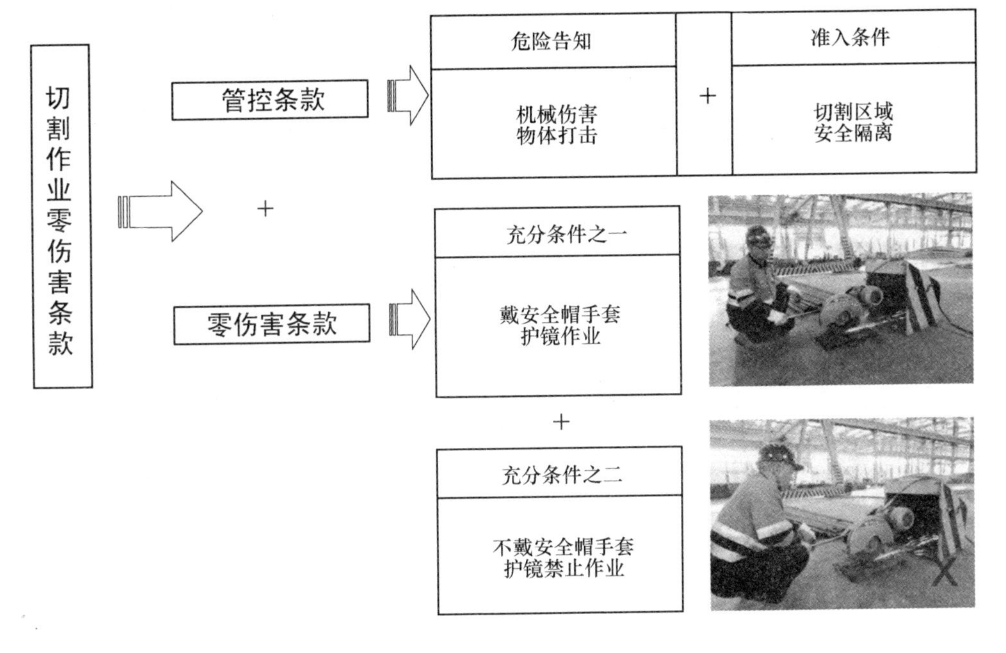

图4-3　切割作业零伤害条款

4.4.2　剪切作业零伤害条款

根据剪切作业特点和事故案例分析，剪板机剪切作业存在四项伤害风险：(1) 徒手在刃口取放工件；(2) 联锁装置失效或缺失；(3) 同时剪切不同规格工件；(4) 剪切设备运转中调整工件。为了控制剪切作业风险，研究制定了“隔离联锁完好剪切作业，隔离联锁缺失制止剪切”的保命条款，并实施刃口防护隔离+联锁闭锁保护+剪切作业零伤害条款的管控模式管控剪切作业安全（见图4-4）。

4.4.3　车削作业零伤害条款

车削作业时，机床的卡盘、钻头、铣刀等传动部件及旋转轴的突出部分钩挂长发、衣袖、裤腿将人卷入或绞入的风险；风翅、叶轮绞碾的风险等，按照此类作业的事故案例和伤害因素，研究实施了“不戴手套、戴护镜作业，戴手套、不

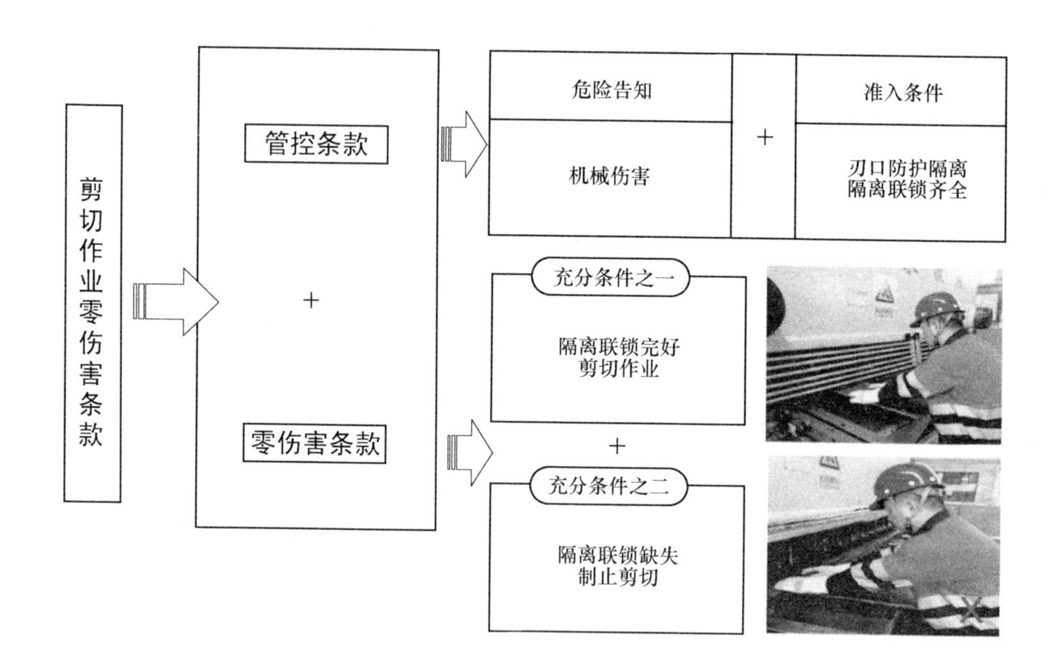

图 4-4　剪切作业零伤害条款

戴护镜禁止作业”的车削作业零伤害条款管控车削作业安全（见图 4-5）。

4.4.4　冲压作业零伤害条款

冲压工件的过程中，存在直线往返运动的机械部位撞伤和挤伤的风险、模具固定不牢靠，操作人员徒手在模具行程间接送工件冲伤手指的风险等。为杜绝冲压作业风险，根据冲压作业伤害路径，研究实施了“模具固定，持工具作业；模具不固定，无工具禁止作业”的冲压作业零伤害条款管控冲压作业安全（见图 4-6）。

4.4.5　锻造作业零伤害条款

在锻造作业过程中，因锻造时操作人员所持工具、夹具不匹配、锻件固定不牢靠、锻件摆放位置不正等，有锻件打飞伤人风险、高温铁渣飞溅灼伤风险。为此，研究实施了“戴护目镜、穿阻燃服作业，不戴护目镜、不穿阻燃服禁止作业”的锻造作业零伤害条款管控锻造作业安全（见图 4-7）。

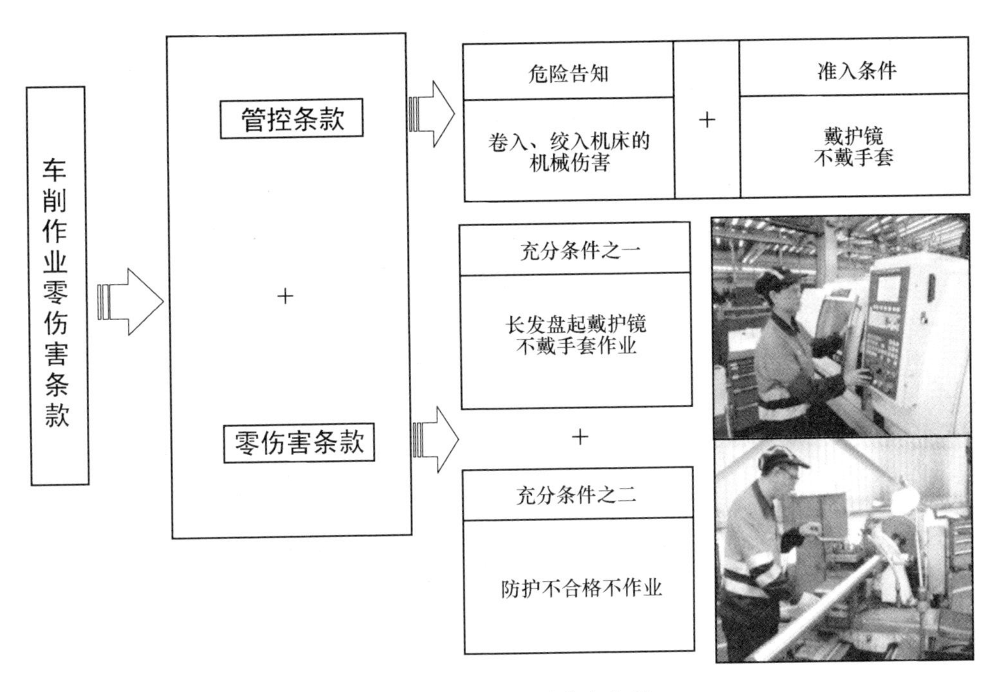

图 4-5 车削作业零伤害条款

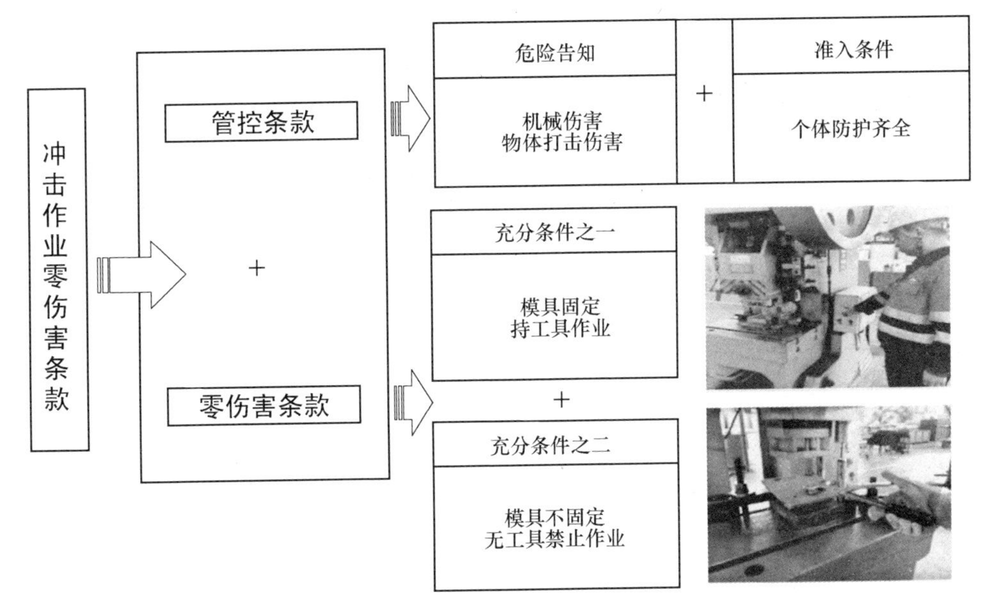

图 4-6 冲压作业零伤害条款

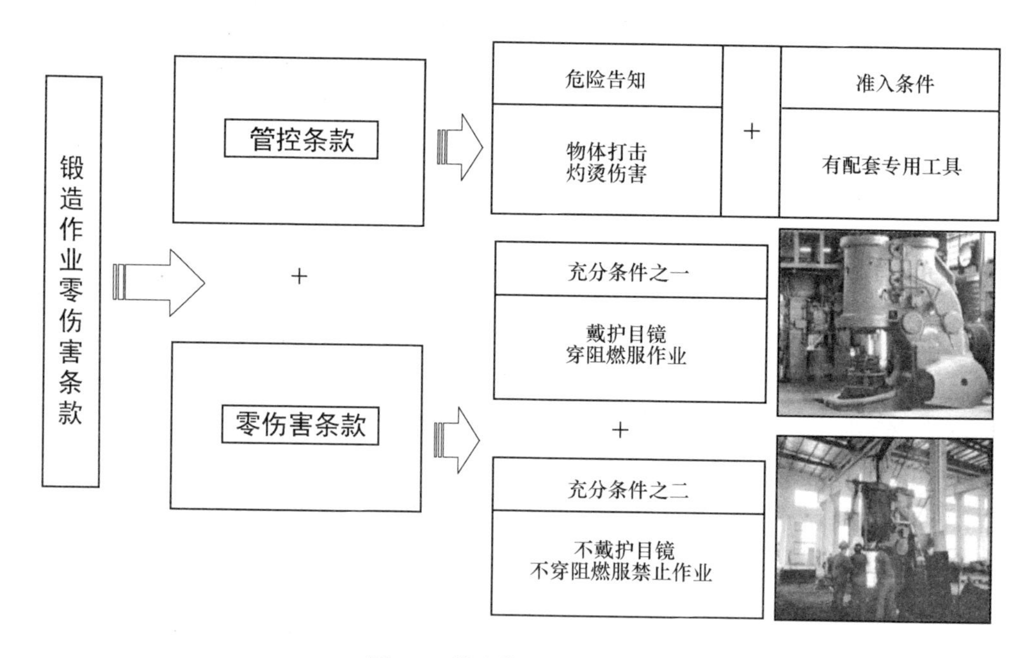

图 4-7　锻造作业零伤害条款

4.5　用涉酸碱作业零伤害条款管控涉酸碱作业安全

强酸、强碱属于强腐蚀性介质，人体接触酸碱易造成灼伤。根据涉酸碱类作业固有特性，确定了酸碱槽车装卸、酸碱阀门开关等涉酸碱类非致命性作业。根据作业类型伤害因素，研究制定了涉酸碱类作业零伤害条款管控涉酸碱作业安全（见图 4-8）。

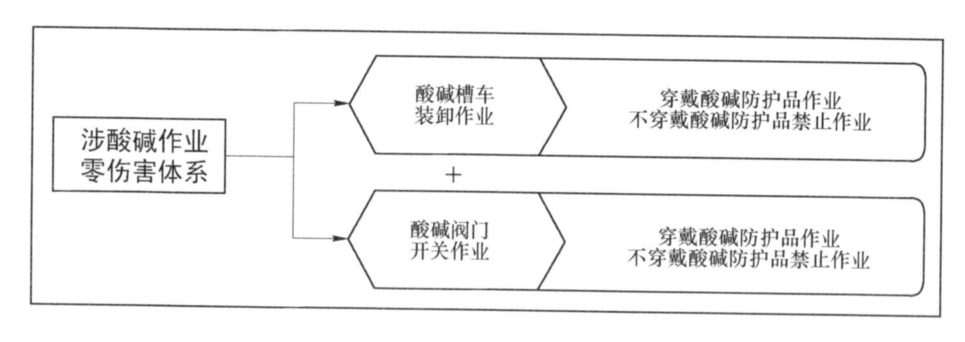

图 4-8　涉酸碱作业零伤害体系

4.5.1　酸碱槽车装卸作业零伤害条款

硫酸、烧碱等酸碱液体具有强腐蚀性，能够溶解脂肪等黏性物质。在酸碱槽车装卸过程中，存在酸碱液体喷溅伤害的风险，易造成作业人员皮肤、眼睛等裸露部位灼伤。根据酸碱固有特性和酸碱作业事故教训，制定了“穿戴酸碱防护品作业，不穿戴酸碱防护品禁止作业”的零伤害条款，研究实施了酸碱槽车装卸作业零伤害条款+应急处置装置的安全管控模式，实现酸碱槽车装卸作业安全（见图4-9）。

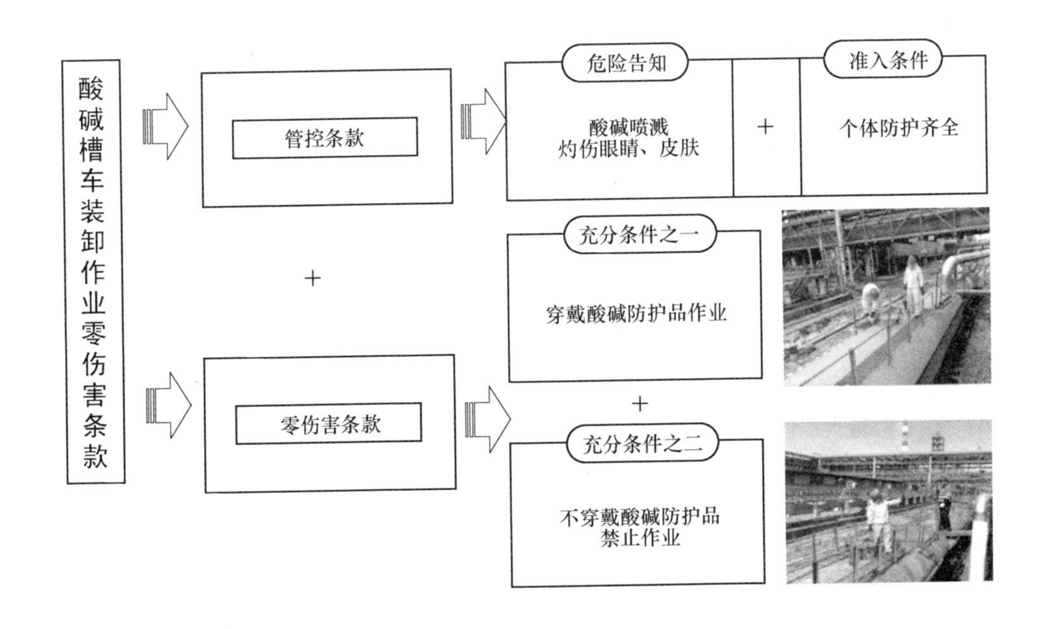

图4-9　酸碱槽车装卸作业零伤害条款

4.5.2　酸碱阀门开关作业零伤害条款

强酸、强碱具有强腐蚀性，能够溶解脂肪等黏性物质，酸碱液体阀门开关时存在泄漏、喷溅风险，因此，会造成作业人员裸露皮肤、眼睛灼伤。根据开关酸碱阀门的危险有害因素和此类作业伤害事故，研究实施了“穿戴酸碱防护品作业，不穿戴酸碱防护品禁止作业”的酸碱阀门开关作业零伤害条款管控酸碱阀门开关作业安全（见图4-10）。

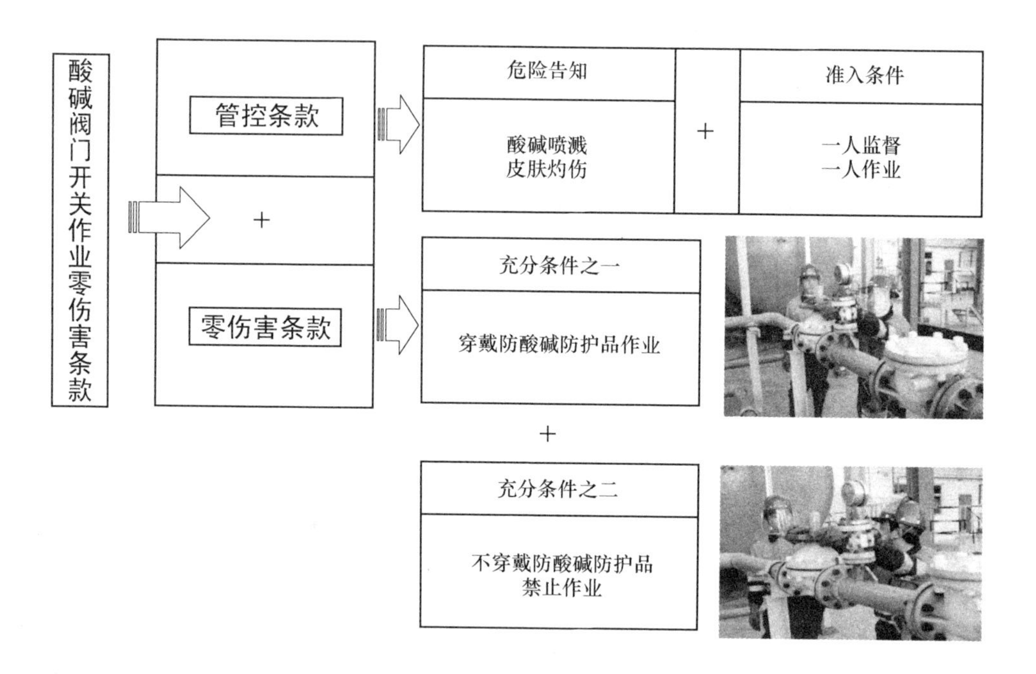

图 4-10 酸碱阀门开关作业零伤害条款

4.6 用工具类作业零伤害条款管控工具类作业安全

电动工具类作业包括：金属切削类、装配作业类、砂磨类、加工类、建筑类等，按照工具类作业事故案例统计及工具作业特点，辨识出打磨作业、电焊作业、绑扎作业、销轴安装作业等工具类非致命性作业，存在物体打击、机械伤害等风险。为此，根据危险有害因素和伤害路径，研究实施了工具类作业零伤害条款管控工具类作业安全（见图 4-11）。

4.6.1 打磨作业零伤害条款

打磨过程中砂轮片不合格、操作用力不当、站位不正确等原因，存在砂轮片断裂飞出伤人、碎屑伤人等风险。根据打磨类作业固有风险因素和此类作业的事故案例分析，研究实施了“戴护目镜打磨作业，不戴护目镜禁止打磨”的零伤害条款管控打磨作业安全（见图 4-12）。

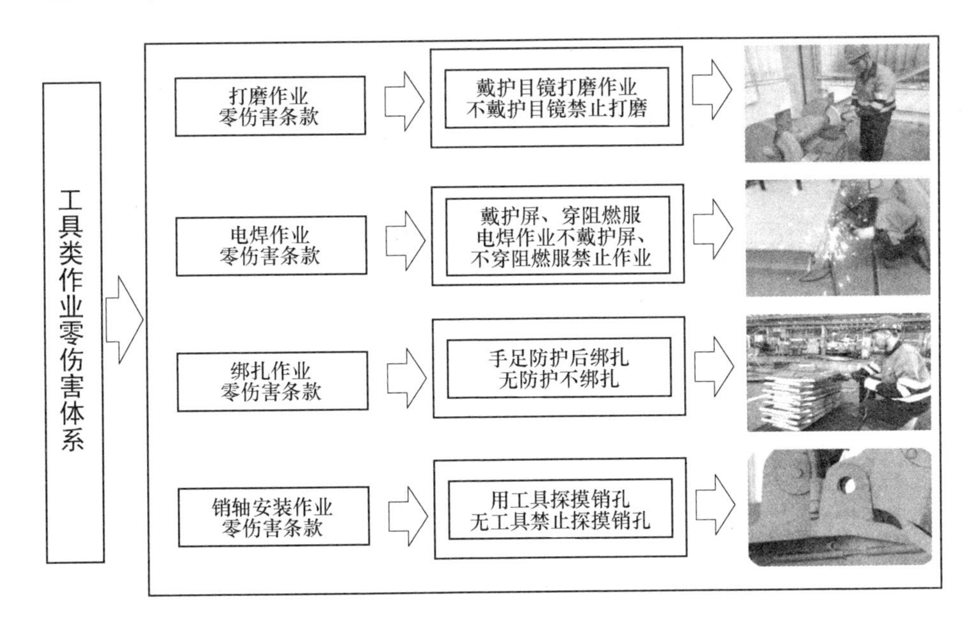

图 4-11 工具类作业零伤害体系

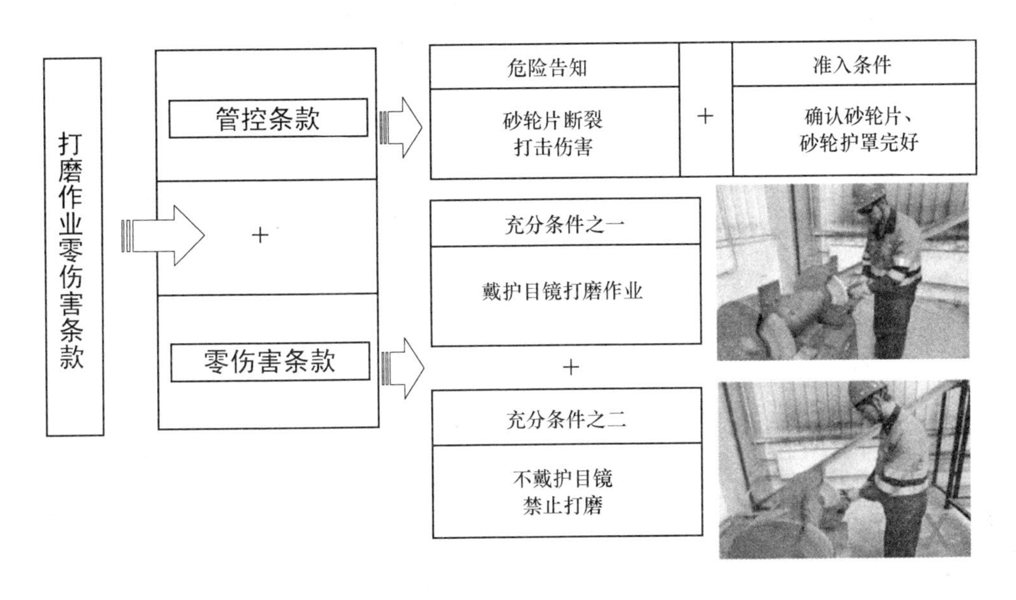

图 4-12 打磨作业零伤害条款

4.6.2 电焊作业零伤害条款

电焊过程中，因个体防护不齐全存在金属熔渣飞溅造成作业人员皮肤灼伤风险、电弧辐射造成电光眼疾病风险等。为了控制作业风险，根据此类作业事故案例和伤害类型，研究实施了“戴护屏、穿阻燃服电焊作业，不戴护屏、不穿阻燃服禁止作业”的电焊作业零伤害条款管控电焊作业安全（见图4-13）。

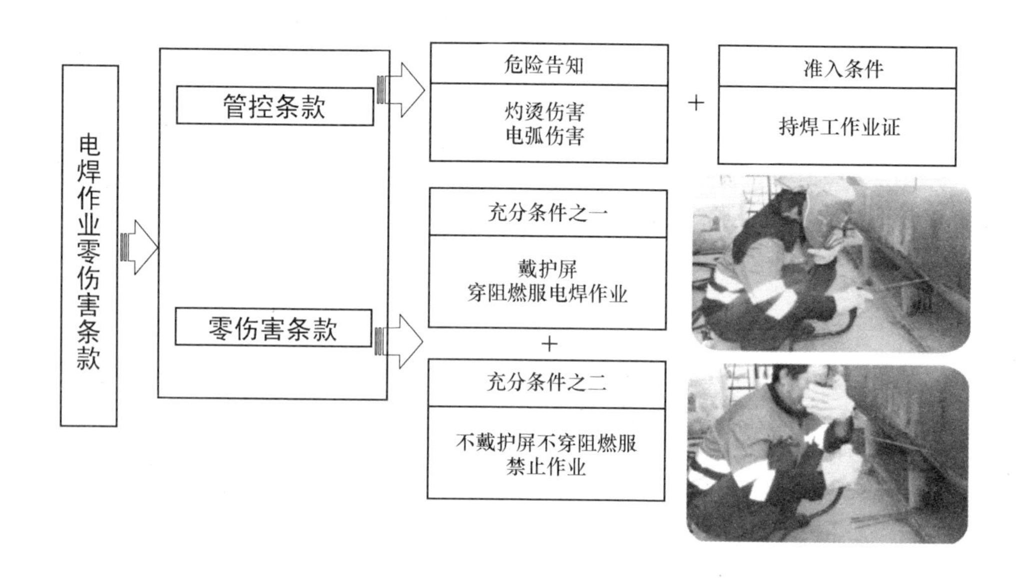

图 4-13　电焊作业零伤害条款

4.6.3　绑扎作业零伤害条款

分析以往事故案例和绑扎作业特点，绑扎作业存在绳扣挤伤手指、钢丝绳扎伤手臂，工件或材料砸伤手脚等非致命伤害风险。为防止绑扎作业伤害，研究实施了“手足防护后绑扎，无防护不绑扎”的零伤害条款管控绑扎作业安全（见图4-14）。

4.6.4　销轴安装作业零伤害条款

销轴安装时作业人员经常用手指探摸销孔位置，易发生手指挤伤事故。为消除作业风险，研究制作了探摸销孔的专用工具，要求作业人员必须使用专用工具探摸销孔，安装销轴。为此，研究制定了“用工具探摸销孔，无工具禁止探摸销孔”的零伤害条款管控销轴安装作业安全（见图4-15）。

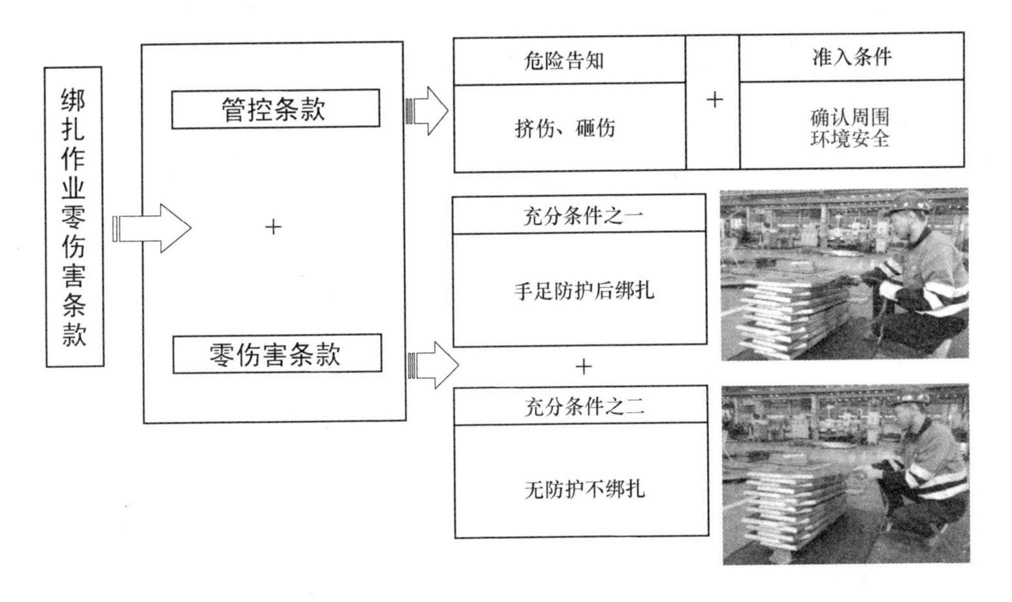

图 4-14 绑扎作业零伤害条款

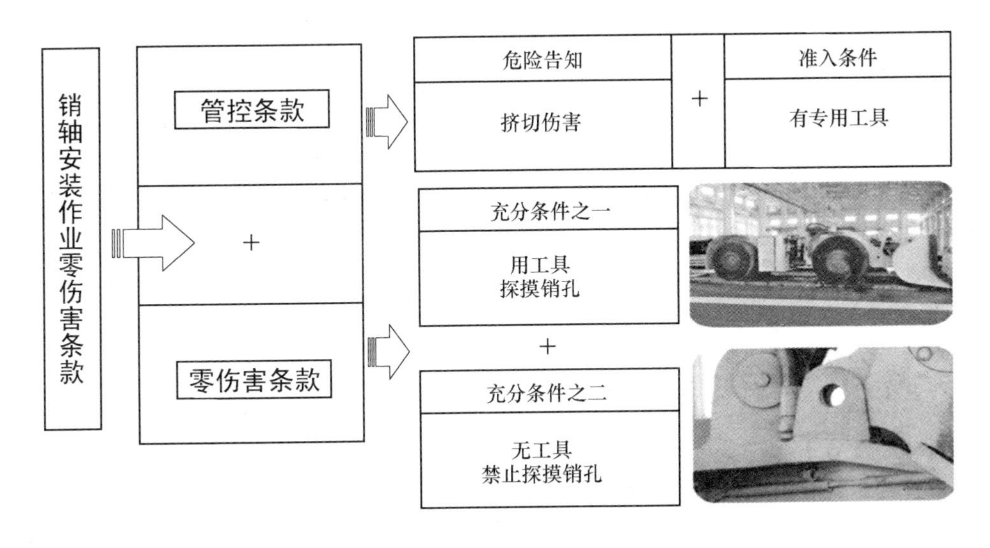

图 4-15 销轴安装作业零伤害条款

4.7 用高温灼烫类作业零伤害条款管控高温灼烫作业安全

按照高温灼烫类事故案例及作业特点，确定了高温熔体排放、高温蒸汽阀门开关等灼烫类非致命性作业，为控制作业伤害风险，研究实施了高温灼烫类作业零伤害条款，实现高温灼烫类作业安全（见图 4-16）。

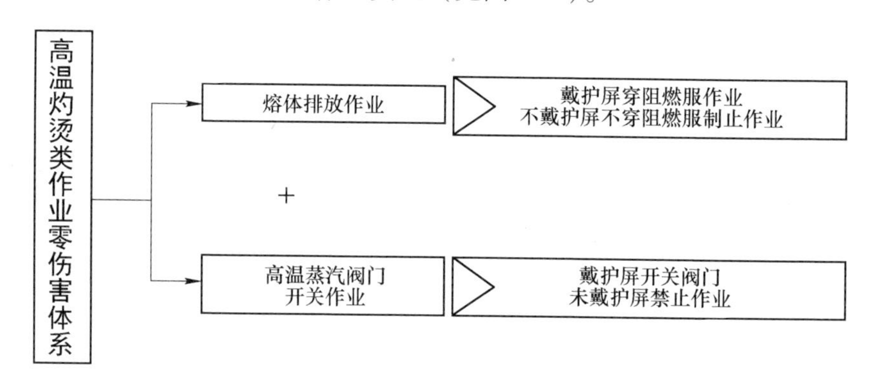

图 4-16　高温灼烫类作业零伤害体系

4.7.1　熔体排放作业零伤害条款

按照冶金工艺熔体排放环节的安全特点，在炉窑熔体排放过程中，钢包、溜槽有水或潮湿，存在熔体喷溅伤人的风险。为控制作业风险，根据熔体排放事故案例和伤害路径，研究制定了“戴护屏穿阻燃服作业，不戴护屏、不穿阻燃服制止作业”的熔体排放作业零伤害条款，实施了熔体排放区域安全隔离+熔体排放作业零伤害条款的安全管控模式管控熔体排放作业安全（见图 4-17）。

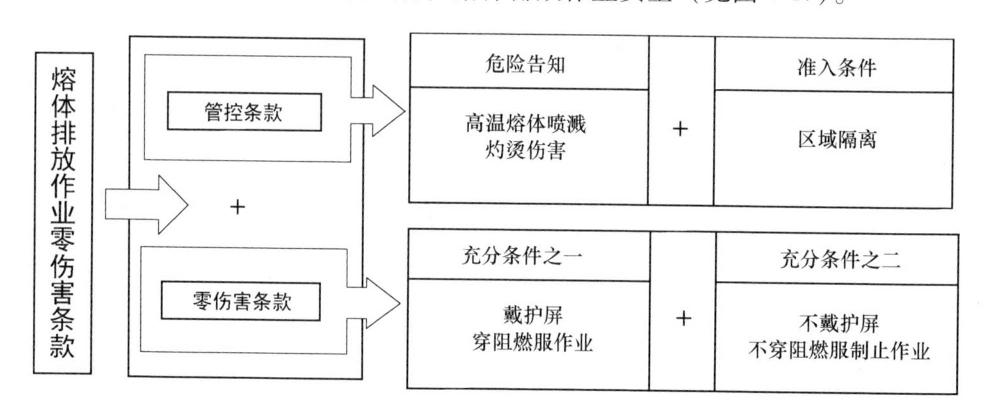

图 4-17　熔体排放作业零伤害条款

4.7.2　高温蒸汽阀门开关作业零伤害条款

开关高温蒸汽类阀门时，存在高温高压热媒喷出，作业人员站位不正确，造成作业人员灼烫伤害的风险。开关高温阀门在井内作业的，还存在致命伤害风险，所以，要按照有限空间作业审批许可+有限空间保命条款+有限空间内危险源管控的模式管控；其他类开关高温阀门作业的风险，研究制定了“戴护屏开关阀门，未戴护屏禁止作业”的零伤害条款管控开关高温蒸汽阀门作业安全（见图 4-18）。

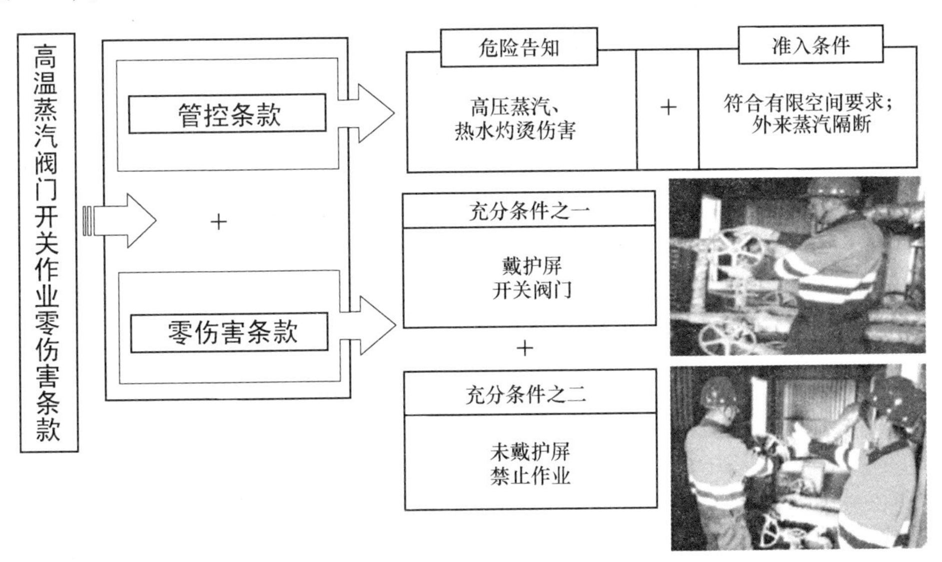

图 4-18 高温蒸汽阀门开关作业零伤害条款

5 用零微伤条款管控扭伤性作业安全

5.1 扭伤性作业零微伤受控体系架构概述

扭伤性作业零微伤受控体系是指对从事搬运、夯打、抬举、砌筑等劳动强度大、频繁弯腰、频繁扭动、重复动作的作业，按照人体工程力学原理，研究编排防止发生轻微伤害事件的岗前热身操，并制定零微伤条款，实现用扭伤性作业岗前操管控扭伤性作业安全。

5.2 扭伤性作业零微伤受体系架构

根据作业类型，岗前热身操的功能，分别研究制定每一类扭伤性作业的零微伤条款，让从事此类作业的员工常态化执行，防止发生轻微伤事件。扭伤性作业零微伤受控体系架构如图5-1所示。

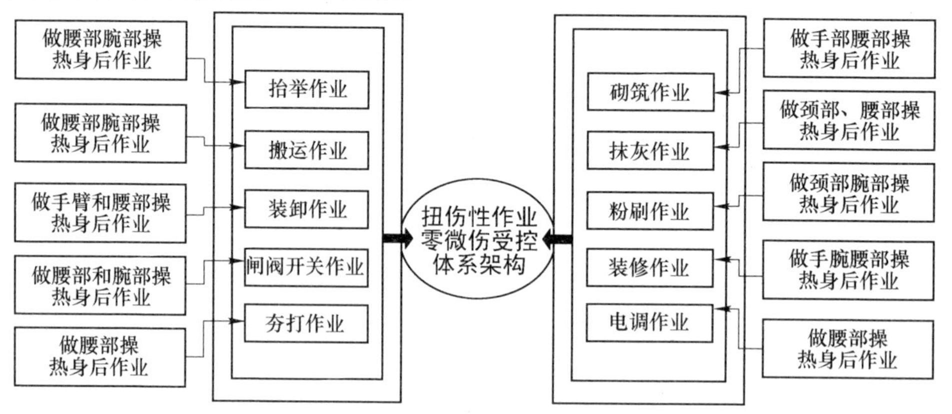

图5-1　扭伤性作业零微伤受控体系架构

5.3 预防轻微伤害事件的岗前操示例

预防轻微伤害事件的岗前操示例如图 5-2 所示。

图 5-2 预防轻微伤害事件岗前操

5.4 零微伤条款建设范例

5.4.1 矿山扭伤性作业零微伤条款建设范例

矿山扭伤性作业零微伤条款建设范例见表 5-1。

表 5-1 矿山扭伤性作业零微伤条款建设范例

序号	扭伤性作业	管控思路及管控条款
1	巷道行走作业	井下巷道路面不平、照明不足、视线不良，人员易造成脚踝、腰部扭伤，为防止扭伤，巷道行走前要做脚部腰部操
2	钢筋铺设作业	铺设钢筋网是井下巷道充填准备工作的重要工序，网片铺设作业时，作业人员重复性弯腰、直立，易造成腰部扭伤。为防止扭伤，钢筋铺设作业前要做腰部操
3	巷道喷浆作业	巷道喷浆支护中，喷出物料对喷头和料管的振动很大，作业人员长时间抱着喷头作业，易造成腰部肌肉损伤。为防止扭伤，巷道喷浆作业前要做腰部操
4	板墙砌筑作业	板墙砌筑是井下巷道充填准备工作的最后一道工序，砌筑过程中，递送灰砖、砌筑料浆等作业时，手臂、弯腰重复性作业多，易造成腰部肌肉扭伤。为防止扭伤，板墙砌筑作业前要做手臂腰部操
5	巷道清理作业	在巷道路面清理过程中，手臂腕部用力铲除路面物料或递送杂物，易造成手臂、腰部肌肉扭伤或损伤。为防止扭伤，巷道清理作业前要做腰部手部操
6	上下矿车作业	井下巷道路面不平，上下矿车时，如脚未踩稳或手未抓牢，易造成重心失衡，扭伤腰部或脚踝。为防止扭伤，上下矿车前要做腰部脚部操

5.4.2 地表扭伤性作业零微伤条款建设范例

地表扭伤性作业零微伤条款建设范例见表 5-2。

表 5-2 地表扭伤性作业零微伤条款建设范例

序号	扭伤性作业	管控思路及管控条款
1	抬举作业	抬举重物时，手腕和腰部都要承受压力，易造成手腕或腰部肌肉扭伤或损伤。为防止扭伤，在重物抬举前要做腰部手部操
2	搬运作业	搬运物料瞬间或运送过程中，易造成手腕或腰部肌肉扭伤或损伤。为防止扭伤，在搬运物料前要做腰部手部操
3	手闸作业	火车车辆手闸制动或松开时，要靠手腕或手臂转动闸盘，易造成肌肉扭伤或手腕损伤。为防止扭伤，铁路车辆手闸作业前要做手腕操
4	夯打作业	夯打重物时，腰部、肩部、手臂重复动作，易造成腰部、肩部、手臂肌肉拉伤或扭伤。为防止扭伤，在夯打作业前要做腰部、肩部、手臂操
5	装卸作业	装卸货物时，易造成手臂和腰部肌肉扭伤或损伤。为防止扭伤，在装卸货物前要做腰部手臂操
6	狭小空间作业	进入狭小空间需要长时间保持弯腰姿势，易造成腰部肌肉扭伤或损伤。为防止扭伤，在进入狭小空间作业前要做腰部操